# bitte: Weiterdenken...

Wolfgang Zimmer

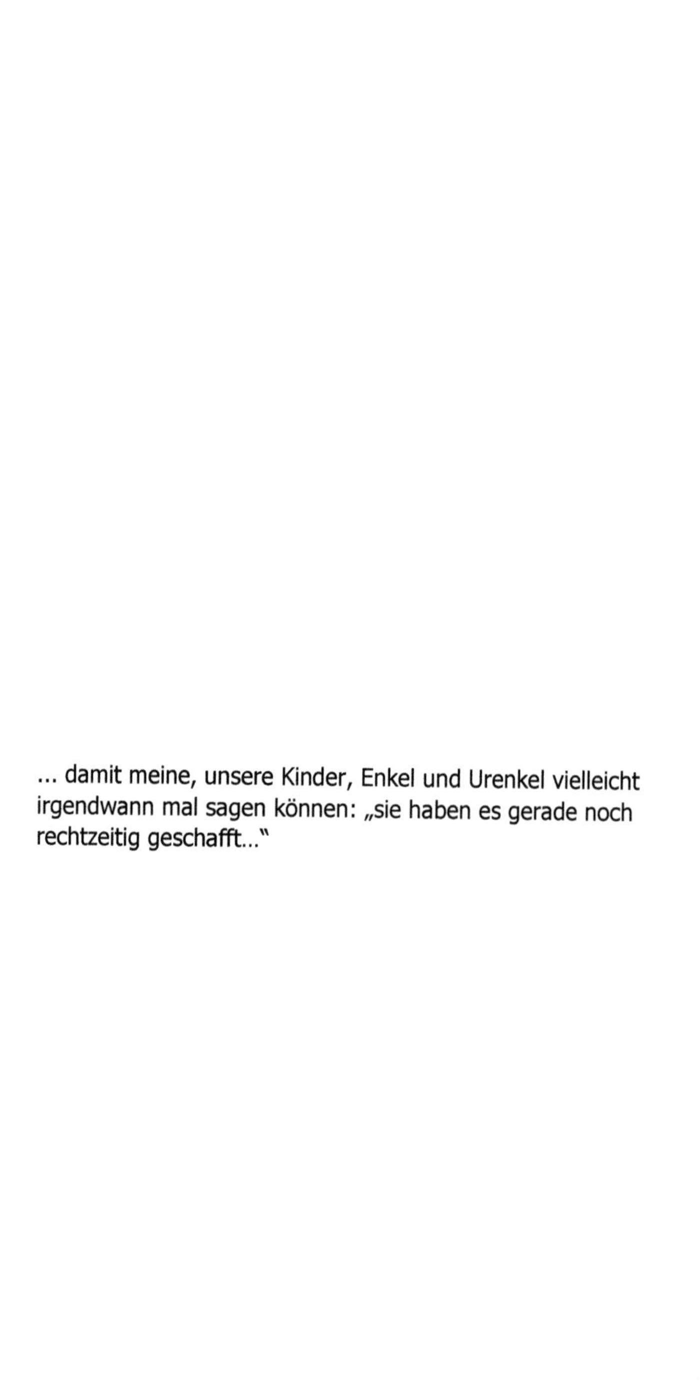

... damit meine, unsere Kinder, Enkel und Urenkel vielleicht irgendwann mal sagen können: „sie haben es gerade noch rechtzeitig geschafft...“

# bitte: Weiterdenken...

(Strom ist nicht alles, wir sind nur kurze Zeit Gast auf diesem Planeten)

Ein Sachbuch zum Klimawandel und seinen Folgen.

Zu den möglichen Konsequenzen.

Zu Fragen, Antworten, Lösungen,

Alternativen und Visionen.

Wolfgang Zimmer

Herstellung und Verlag:

BoD – Books on Demand, Norderstedt

ISBN:    978-3-7557-3997-5      (Taschenbuch)

ISBN:    978-3-7557-2087-4      (E-Book)

*Prolog:*

*Wenn wir dem Klimawandel im Interesse unserer Kinder und Kindeskinder wirklich und ernsthaft entgegentreten wollen, dann führt dieses zu Konsequenzen und Kosten von nicht vorhersehbaren Dimensionen.*

*Die Belastbarkeit unseres Planeten, von uns Bürgern und der Wirtschaft ist jedoch endlich.*

*Daher müssen alle Bereiche, alle Prozesse unseres Lebens, unseres Alltages auf den Prüfstand.*

*Nur mit wesentlich schlankeren, effektiveren, ökonomischeren Prozessen unseres Lebens, unseres Alltages bleibt am Ende des Tages mehr zur Bewältigung des Wandels übrig.*

*Die Politik sollte daher Ziele vorgeben, nicht die Verfahren und die Wege dorthin.*

*Aus dem fairen Wettstreit der Verfahren unter den Bedingungen des Marktes entstehen Innovationen.*

*Innovationen schaffen andere, alternative und / oder neue Arbeitsplätze.*

*Dadurch wird die Wirtschaftskraft unseres Volkes gestärkt.*

*Wir in Deutschland gelten seit Jahrhunderten als das Volk der Dichter und Denker.*

*Wir sind nicht das Land der unbegrenzten Ressourcen (leider).*


*Wolfgang Zimmer,*

*November 2021*

*… und das Fazit draus:*

*Der „Club of Rome" *) hat vor rund fünfzig Jahren vor den Folgen der klimatischen Veränderungen gewarnt. Wir hätten rund ein halbes Jahrhundert Zeit gehabt, uns gemeinsam mit Sonne, Wind und Wasser auf die heutige Situation mit verträglichen Kosten vorzubereiten!*

*Aber ob wir die verpassten Chancen nach dem Ende der Kolonialzeit, die Kurzsichtigkeit bei Themen wie Asbest und Kernenergie, dass „Nicht-vorbereitet sein" auf den (lange erhofften und gewünschten) Mauerfall sehen – es ist stets das Gleiche: Überheblichkeit, Ignoranz, Inkompetenz, Oberflächlichkeit und dann Flickwerk an den Symptomen!*

*Hätten sich die Regierenden rechtzeitig darauf beschränkt, das Ziel vorzugeben (z.B. $CO_2$ neutraler Verkehr) anstelle des Verfahrens (E-Mobilität), würden wir heute sicherlich eine prosperierende Wirtschaft erleben mit einer Vielfalt an innovativen technischen Prozessen und Verfahren.*

*Eine Vielfalt ohne Sorgen um die Arbeitsplätze in der Automobilindustrie, der Kohleindustrie sowie deren Zulieferern. Ohne Sorgenfalten über das Thema „Batterieherstellung und Entsorgung".*

*Letztendlich sogar ohne ausufernde Kosten für den Bürger und sicherlich mit innovativen, neuen und zukunftssicheren Arbeitsplätzen.*

*Und darum die Bitte: Weiterdenken…*

# 1. Einleitung

## 1.1. Warum dieses Buch

Dieses Buch schreibe ich, weil mich sehr viele aktuelle Themen bewegen. Und weil mich in dieser Zeit der dramatischen Veränderungen unseres Klimas die absolute Kurzsichtigkeit, die seit Jahrzehnten andauernde, mangelnde Weitsicht der Regierenden sowie die möglichen Folgen und Konsequenzen für uns Bürger, unsere Kinder und Kindeskinder und unseren blauen Planeten anwidern!

Dazu vorab: ich liebe dieses Land, möchte in keinem anderen Land leben. Und ich möchte, dass auch meine noch nicht geborenen Nachfolger noch gesund und glücklich in diesem Land, auf dieser Erde leben können.

Also nun doch der Klimawandel.

Ist er da? Kommt er noch? Gibt es ihn überhaupt?

Ohne Zweifel, er ist da, er ist in vollem Gange. Schon lange wurde gewarnt. Nichts, nichts Wesentliches wurde getan.

Ja, unsere Erde ist eine Kugel. Die Oberfläche einer Kugel ist endlich. Demnach kann man (nach den Regeln der hier geltenden Physik) nicht unendlich etwas hinzufügen oder wegnehmen. Da wir aber spätestens seit Beginn der Industrialisierung in großem Maßstab wegnehmen (z. B. fossile Brennstoffe) und im Gegenzug in großem Maßstab hinzufügen (Abwärme und $CO_2$ beispielsweise), müssen daraus zwangsläufig Veränderungen resultieren. Und diese Veränderungen sind schlicht und einfach der Klimawandel, dessen Wirkungen wir mittlerweile leidvoll erfahren.

Hätte man 1972 dem „Club of Rome" mit seinem Bericht „Grenzen des Wachstums" mal ein bisschen besser zugehört und - weitergedacht – wäre heute manches sehr, sehr wahrscheinlich anders... *)

Oder nehmen wir beispielsweise die ganze aufwirbelnde, wellenschlagende Emissionsthematik (seien es Diesel, Feinstaub usw.) oder auch Dinge wie E-Mobilität. Nein, nicht weil ich dagegen bin. Ganz im Gegenteil. Ich bin für andere, alternative Energieträger. Vielleicht auch andere Formen der Mobilität.  Schon sehr lange bin ich für Alternativen im Sektor Mobilität. Das schulden wir schließlich unseren Kindern und Enkeln. Wir sind eine Menschheit, ein Globus. Wir haben diese Erde von unseren Kindern nur geliehen (oder so ähnlich) und sind selbst auch nur begrenzte Zeit Gast auf diesem Planeten.

Aber, wir leben leider in der traurigen Welt des oft nur kurzfristigen Denkens.

So, wie in der Wirtschaft die kurzfristige Profitmaximierung (anstelle der wesentlich effektiveren, langfristig ausgerichteten Gewinnoptimierung) mittlerweile genügend Unheil über den Globus brachte (siehe Immobilienblase USA, Bankenkrisen usw.).

So regiert und reagiert auch Politik.  Die Dreifaltigkeit der Lösungen: Problem kurz vorm Platzen erkennen. Dann irgendwie / irgendwann möglichst „Mainstream" reagieren. Und „Hoppla, Hopp" entscheiden und dann später, viel später über die wahren Folgen und Konsequenzen nachdenken.

Und dann – upps – das gleiche von vorne! Aber der, nein unser! Planet ist doch endlich!!!

Was mich elementar stört, ist dieses immer wieder deutlich spürbare „Schlagzeilenwissen" der politisch Verantwortlichen, die sich eine Scheiß um die Konsequenzen daraus unten beim Volk scheren. Die zwar das Wort vom Niedriglohn, vom geringen Einkommen, der kleine Rente führen, aber keinerlei Bezug zu der daraus erwachsenden Realität haben.

Nochmal: so wie wir, wie unsere Politiker, diese elementaren Themen, die unseren einzigen Globus und unsere Menschheit angehen, da ist mir einiges, ja sogar vieles viel, viel zu kurz gedacht.

Da schüttet man oft das Kind mit dem Bade aus, um sich
dann später über die Folgen zu wundern. Wie schon so oft.
Siehe Kernenergie, Globalisierung, Asbest usw. usw.

Schon vor vierzig Jahren habe ich einen (bemerkenswerten)
Leserbrief an Automobilzeitungen und große Tageszeitungen
verfasst. Es ging um den Verkehr im urbanen Umfeld.
Damals wurde er ignoriert oder als utopische Spinnerei
abgetan. Veröffentlicht wurde er nie. Im Anhang ist dieser
Brief abgedruckt. Möge sich jeder zu diesem alten Leserbrief
und der Zeit „Dazwischen" seine eigene Meinung bilden.

Es gibt einen zarten Ansatz, ein erstes Pflänzchen in der
Industrie, der Produktion usw.: „*Cradle to Cradle*". Darüber
mal nach zu lesen, lohnt sich. Ein hervorragender Ansatz für
eine "durchgängige und konsequente Kreislaufwirtschaft". *)

Im Prinzip wünsche ich mir, dass wir diese Art des Denkens
endlich auch auf große Entscheidungen übertragen.  Fertige
Lösungen kann ich nicht bieten. Aber wenn ich an der einen
oder anderen Stelle zum Nachdenken oder auch nur zur
Diskussion anregen kann, ist ein erster Schritt getan.

Ich werde und will nicht jedermanns Zustimmung erringen.
Jeder kann anderer Meinung sein. Es wird auch keiner
gezwungen, dieses Buch zur Kenntnis zu nehmen oder zu
lesen. Aber jeder darf das tun. Schließlich leben wir in einem
demokratischen Land mit dem Recht auf freie
Meinungsäußerung, Gott sei Dank!

Vielleicht liest sich diese Einleitung in Teilen etwas sperrig –
es wird auf jeden Fall noch sehr interessant!


## 1.2.  Anno 2021 – Corona Grüße

Der Virus hat mich zum Glück noch nicht erwischt. Aber ich
war im Schreiben über Monate wie gelähmt – offensichtlich
braucht meine Kreativität ein gewisses Maß an Normalität.

Und gestern hatte ich leider auch nicht die guten Ideen von
heute…

2021 – mittlerweile Juli. Nass, verregnet. Nicht nur katastrophal, nein – die Bilder aus Kanada und den USA, die Waldbrände dort haben schon apokalyptische Dimensionen!

Oder ganz aktuell, aus dem Westen und auch dem Südosten unserer Republik. Das Ahrtal hat sich als Sinnbild für eine Katastrophe in uns eingebrannt. Oder die Brandbilder aus Südeuropa. Die Ereignisse überschlagen sich förmlich!

Und dann hat uns ja mittlerweile und ausdauernd auch die Corona-Krise im Griff. Eine Pandemie ist für unsere Welt ja eigentlich nichts Neues. Contergan, Schweinepest, Rinderwahnsinn, Vogelgrippe, Aids, das geht doch alles in die gleiche Richtung. Oder auch die Pest im Mittelalter. Haben die Regierungsebenen = Führungsebenen mal irgendetwas daraus gelernt? Richtig gut Vorsorge getroffen, das Gesundheitswesen gestärkt, die Schulen geschützt? Gab es keine Warnungen, Untersuchungen, Prognosen? Möge jeder sich die Antworten selbst dazu geben!

Was uns allen klar sein muss: es muss Veränderungen geben. Der Griff in die Taschen der Bürger wird so tief, so schmerzhaft und so lang andauernd sein, wie wir, unsere Generation, unsere Kinder und Enkel das noch nie erlebt haben! Dieses kleine Deutschland, dieser Ehrgeizling mit seinem zwei prozentigen Anteil *) an den Klimaproblemen dieser Welt soll nach dem Willen von vielen einen äußerst schmerzhaften, wahrscheinlich Jahrzehnte andauernden Prozess der Transformation durchleben. Ja, es wird Jahre, vielleicht Jahrzehnte dauern, bis wir den Stahl für das Windrad grün und $CO_2$ neutral zu wettbewerbsfähigen Preisen herstellen können. Und genauso wird es Jahre oder Jahrzehnte dauern, bis wir die hunderte Tonnen Zement für das Fundament und den Turm des Windrades grün und $CO_2$ neutral zu wettbewerbsfähigen Preisen herstellen können (hat übrigens schon mal irgendjemand mit verlässlichen Zahlen über den ökologischen Fußabdruck einer Windkraftanlage nachgedacht?). Die relaxten Experten in den Talkshows warnen vor diesem möglicherweise Jahrzehnte dauernden Prozess der Transformation schon mehr oder weniger deutlich. Merkt den irgendjemand, das davon ganze Lebensbiografien betroffen sind? Klar, als momentan warnender Topmanager oder Professor oder ähnlich steht man wahrscheinlich in der zweiten Hälfte des beruflichen Werdeganges, die lieben Schäflein sind im trockenen, das gute Einkommen ist gesichert. Und wenn man dann propagiert, dass man dem kleinen Bürger auf dem Lande per Spritpreis und sonstigen Teuerungen mal eben so Tausend oder mehr Euro im Jahr für die Klimarettung wegnehmen muss, was soll die Aufregung! Der Bürger bekommt ja mit viel Papierkrieg so hundert bis zweihundert Euro als Entlastung zurück. So soll es zumindest sein.

Die Unternehmer können ja die gestiegenen Preise einerseits steuerlich absetzen und andererseits über die Preise weitergeben! Und schon wieder greift die Hand des Staates dem Bürger noch tiefer in die Tasche!

Klar, es muss sich etwas bewegen, aber bitte global! Und singuläre Lösungen wie Strom und Fahrrad sind *keine* Allheilmittel! Unsere gesamten Lebensumstände werden auf dem Prüfstand des Wandels, der Transformation stehen.

Was wir brauchen, sind eine Vielfalt und das Nutzen aller möglichen Lösungen.


## 1.3. Die Medien

Das Recht auf freie Meinungsäußerung (und die Pressefreiheit) sind ein hohes Gut. Ich bin stolz und glücklich, in einem Land zu leben, welches diese Werte schon im Grundgesetz verankert.

Aber einige Dinge stimmen mich nachdenklich:

Da ist beispielsweise die Tageszeitung. Wo wird sie „gemacht"? Wo sitzt die Redaktion? Natürlich in der Stadt. Zentral, am Pulsschlag des Lebens, der Zeit. Wer arbeitet dort? Junge, jüngere Menschen. Natürlich nicht die Alten, die Rentner.

Und wo wohnen all` die Jungen und Jüngeren mit ihren Familien? Klar, meistens nahe am Arbeitsplatz, in der Stadt, im Speckgürtel der Stadt. Nahe am pulsierenden Leben in der Stadt. Man will ja keine ewigen Fahrwege, die Zeit nicht im Stau verdödeln. Wer will da schon raus auf`s Land. Wir kennen doch die Themen: Schulen, Kindergärten, Einkaufsmöglichkeiten, Kultur usw. Alles in der Stadt viel näher, vielfältiger, viel besser.

Und wie kommen all` die Jungen und Jüngeren zur Arbeit? Klar, gerne mit dem Rad. Dem E-Bike. Bietet sich in der Stadt, in der Nähe der Stadt doch an. Ist ja selten auch hügelig oder gar steil, wie z. B. in Wuppertal oder in den vielen Mittelgebirgen unseres Landes.

Warum wundere ich mich dann eigentlich noch, dass das Fahrrad, dieses tolle Gefährt, so gelobt wird. Am liebsten alles, wirklich alles nur noch mit dem Rad. Hat mal einer daran gedacht, wie viele Fahrten mit dem Lastenrad es braucht, um auch nur einen „Tante-Emma-Laden" zu beliefern? Von Aldi, Lidl & Co *) ganz zu schweigen.

Liest man in den Gazetten mal ein Wörtchen über die Nachteile des Rades auf dem Land, im Mittelgebirge oder Gebirge? Oder gar im Alter?

Fahrrad fahren ist schön! In der Freizeit, als sportlicher Ausgleich. Aber bei Schnee, Eis, Regen im Gebirge, mit ein paar Kisten Bier oder dem Wocheneinkauf beladen? Als „Muss" auf dem Weg zum Hausarzt, mit einer Grippe in den Knochen? Wäre es nicht fair, auch darüber mal nach zu denken? Ach so, wir haben ja den Klimawandel! Verbunden mit Stürmen, Überschwemmungen usw. Ist dann in Zukunft das ganze schöne Ländle nur noch platt und eben und wir alle fahren fröhlich bei „Happy Sunshine"? Oder sind die Fahrräder in den Überschwemmungsgebieten dann schwimmfähig?

## 1.4. die Talkshow

Eigentlich eine feine Sache. Fachleute diskutieren öffentlich kontroverse Themen. Manchmal wundere ich mich. Da kann man evtl. etwas lernen. Aber: warum wundere ich mich so oft beim Zusehen?

Ein Beispiel (ich habe nichts gegen Akademiker, nichts gegen Lehre und Forschung. Ganz im Gegenteil):

Es wird Elektromobilität mit ihrem Pro und Kontra diskutiert, mit vielen hochrangigen Fachleuten:

Da sitzt der Akademiker (mit einem Forschungsauftrag zur Entwicklung neuer Batteriesystem). Dort sitzt noch ein Akademiker (mit einem Forschungsauftrag zur Entwicklung elektrischer Antriebsstränge). Nebendran sitzt ein Topmanager aus einem Elektrokonzern. Und ein Politiker von einer Partei, die mit aller Gewalt die E-Mobilität durchsetzen will, ist selbstverständlich auch dabei.

Und irgendwo in der Runde sitzt noch ein anderer Hansel mit anderer Meinung. Der wird dann wie der Ochse am Nasenring durch die Runde geführt und hinterher finden alle E-Mobilität toll!

Ich gebe zu, das Beispiel ist konstruiert und sicher auch überzogen, provozierend. Aber ich vermisse oft, sehr oft in diesen Runden die Ausgewogenheit von Für und Wider, von Theorie und Praxis.

Das „Nicht-befangen-sein" in der Tiefe des Details, völlig unbefangen sein, aber gesegnet mit einem gesunden Grundwissen und ergebnisoffen im Thema kann doch oft die erstaunlichsten Impulse generieren!


## 1.5. Stil und Sonstiges

Ich werde mich in diesem Büchlein auch nicht mit Gendersternchen und sonstigem Textgeschwurbel aufhalten. Auch schreibe ich so, wie mir der Schnabel gewachsen ist. Ja, ich bin für Gleichberechtigung. Sehr sogar. Es tut mir auch leid, wenn es Menschen gibt, die beim frühen Blick in den Spiegel nicht wissen, ob er / sie / es zurückschaut. Aber solange wir in unseren Schulen oftmals keine gescheiten Toiletten oder auch nur Toilettenpapier haben, tangieren mich solche Probleme einen feuchten Dreck!

Und jeder möge nach seiner Façon selig werden, so lange „er-sie-es" eben diese Einstellung anderen nicht aufdrücken will.

Ein Hinweis zur Recherche, an vielen Stellen befindet sich ein *).

Über die dort genannten Begriffe, Namen und Ähnliches kann jeder Interessierte im Internet nachschlagen und sich ins Detail vertiefen.

Ich kann und will nicht jedes Thema final bis ins Detail behandeln, das ist auch nicht mein Ziel. Es würde den Rahmen dieses Buches sprengen. Und dieses Büchlein hat auch nicht den Anspruch, ein wissenschaftlich bis in die kleinsten Wurzeln durchgefärbtes Traktat sein zu wollen.


*Aber hier meine Bitte, sie gilt nicht nur für dieses Buch:*

*Bitte Weiterdenken! Nicht nur bis zur nächsten Beförderung, bis zur Abstimmung, bis zur nächsten Wahl!*


*bitte: Weiterdenken…*

## 2.1.  Nachhaltige Energie

Nachhaltige Energie steht unserem Planeten hinreichend zur Verfügung!

Zu Wasser, zu Lande und auch aus der Luft.

Wir müssen sie nur wirklich konsequent und wirklich nachhaltig nutzen!

Nachdem wir uns ja mit der Energie-, der Wirtschafts- und auch der Entwicklungspolitik der vergangenen Jahrzehnte genügend Probleme eingebrockt haben, sollte uns ein „anders machen" nicht mehr genügen! Wirklich nachhaltig besser machen, Folgen sorgsam abwägen – das ist doch die Herausforderung.

Ein Beispiel:

Weltweit gibt es seit Jahrzehnten Staudämme. Hochgelobt, weil sie eine super ökologische Quelle zur Energiegewinnung sind! Hervorragend!

Jeder Staudamm verändert aber unweigerlich das Bild seines oder seiner Zuflüsse und Abflüsse. Verändert die Pegelstände, die Mikro- und Makronatur seiner Uferzonen. Oder betrachten wir das Schlagwort „Fisch-Wanderungen".

Und dann gibt es noch Sedimente. In jedem Fluss. Und die werden mit dem Wasserfluss zur Mündung transportiert. Befindet sich jedoch zwischen Quelle und Mündung ein Staudamm – wo bleiben die Sedimente dann? Richtig, vor dem Staudamm. Und damit sinkt irgendwann die Leistungsfähigkeit der nachgeschalteten Turbinen, der Druck auf die Staumauer verändert sich usw. Welche Auswirkungen hat das auf Fauna und Flora nach dem Staudamm?

Ist das eine Utopie? Nee, wir brauchen nur mal unter dem Schlagwort „Rückbau von Staudämmen" in die USA zu schauen. Dort gibt es das schon. Oder uns mal über Berichte des großen chinesischen „Drei Flüsse Staudamm" (Yangtse) zu informieren.

Und da wir auf einer Kugel durch das Weltall eiern, die von einem genialen, wenn nicht gar göttlichem Konglomerat aus Masse, Gravitation, Geschwindigkeit usw. vorangetrieben wird, welche Auswirkungen haben den die Veränderungen der Massen an der äußeren Peripherie der Erdkruste? Wenn wie in China Monsterstauseen errichtet werden?  Über den gleichen Gedanken könnte man übrigens auch mal philosophieren, wenn man beispielsweise den Abbau von Eisenerz in Südafrika in Betracht zieht. Innerhalb nicht einmal eines Staubkorns an Zeit – bezogen auf die Erdgeschichte – wurden mehrere Milliarden Tonnen an Erz abgebaut. Die Züge, die das Zeug zum nächsten Hafen schippern, sind oft mehr als vier Kilometer lang.

Das bisschen, bezogen auf die Masse der Erdkugel, höre ich jetzt schon mehr oder minder laut. Ich werde dabei sehr nachdenklich. Südafrika liegt in der Nähe des Äquators. Und wenn ich dann so überlege, ich sehe mir ganz gerne mal Billard im Fernsehen an. Da wird vor dem entscheidenden Stoß ein Staubkorn akribisch vom Tisch entfernt, es könnte ja den Lauf der Kugel beeinflussen! Wenn ich dabei an unseren Globus denke, komme ich doch schon ins Grübeln...

Und noch so etwas: unsere Erde, unsere Pflanzen, jedes Tierlein, jeder von uns Menschen, wir sind doch alle *nur* ein Konglomerat der vierundneunzig Elemente unseres Planeten (die mittlerweile künstlich erzeugten lassen wir mal bitte außen vor).  Vor diesem Hintergrund gewinnt doch der Satz: "von Erde bist du genommen, zu Erde sollst du werden" einen ganz anderen Sinn, einen anderen Stellenwert!

Hei Leute, die Erde hat weder einen Rückwärtsgang noch eine RESET – Taste!

Also, nachhaltige Energie, ja! Aber bitte wirklich nachhaltiger.

*bitte: Weiterdenken…*

Eines dürfen wir aber bei aller Liebe zu den nachhaltigen Energien keinesfalls vergessen: Die Energiedichte der einzelnen Medien (Wasser, Sonne, Wind) ist eine völlig andere als die, die wir von fossilen Energieträgern kennen! Und wenn wir alles nur noch mit Strom betreiben wollen oder sollen, dann benötigen wir mehr, sogar sehr viel mehr Strom als bisher. Und mit den paar Solarzellen auf dem Dach (egal, ob für Fotovoltaik oder Solarthermie) oder den Windrädern in der bisherigen Dichte der Aufstellungen werden wir nicht sehr weit kommen!

Wasserstoff zeichnet sich als vielversprechendes Medium der nahen Zukunft ab. Er kann sehr vielfältig genutzt werden, sei es zum direkten Antrieb von Maschinen, zur Gewinnung von Strom.  Als Gas ist er speicherbar oder auch mit anderen Gasen mischbar. Diese Eigenschaft macht Wasserstoff besonders in der Übergangszeit interessant, auch wenn er selbst noch nicht in ausreichender Menge oder noch nicht zu ausreichend attraktiven Preisen verfügbar ist. Es gibt heute bereits unterschiedlichste Verfahren (mit unterschiedlichen Wirkungsgraden) wie beispielsweise das Methan-Cracking *) oder die Gewinnung aus Abfallprodukten der Chemischen Industrie. Und praktische Anwendungen gibt es von ersten Einsätzen in der Stahlerzeugung bis zum Stadtbus im Liniendienst auch schon seit geraumer Zeit.


## 2.2.  Energie aus Wasserkraft

Wasserkraft, wir kennen sie von Flussläufen, Stauseen, von Hochdruckspeicherkraftwerken wie dem Walchensee-Kraftwerk usw.

Damit ist dieses Thema aber noch lange nicht ausgereizt.

Unsere Vorfahren kannten z. B. Flussmühlen.  Im Prinzip ein Ponton mit einer Mühle oben auf. Hat über Jahrhunderte zuverlässig funktioniert. Kann man heute in der Nähe von Mainz, bei Ginsheim-Gustavsburg als Rekonstruktion wieder besichtigen. Tolle Sache, sehr zu empfehlen.

Solche Anlagen haben den großen Vorteil, nahezu unabhängig vom Pegelstand des jeweiligen Flusses zu arbeiten. Sie bilden kein nennenswertes Hindernis für die Schifffahrt oder für die Wanderung von Fischen. Erfordern keine riesigen Eingriffe in die Natur wie bei klassischen Staustufen. Der Transport von Sedimenten im Fluss, Fischwanderungen, Begradigung des Flusslaufs usw.- kein Thema bei dieser Technik. Die Dinger funktionieren im Prinzip sogar noch, wenn die umliegenden Auenwiesen durch Hochwasser geflutet sind…

An Stelle einer Mühle wäre doch aber auch auf dem schwimmenden Ponton ein kleines Kraftwerk denkbar, wenn wir weiter denken….

Oder: was ist mit den Gezeiten? Gezeiten kennen wir an nahezu allen Stränden auf diesem Globus. Vierundzwanzig Stunden am Tag. Kontinuierlich. Wahrscheinlich auch dann noch, wenn der letzte Mensch den Planeten verlassen hat.

Es gab schon viele Versuche in der Vergangenheit, das chaotische Auf und Ab der Wellenbewegung in nutzbare Energie umzuwandeln. Bis dato nach meiner Kenntnis ohne durchschlagenden Erfolg, leider.

Aber: außer der chaotisch sich bewegenden Wellenoberfläche gibt es doch auch noch die *Gezeitenströmung!* Wir alle wissen von Flussmündungen, das Wasser in das Landesinnere hineinströmt, bei Ebbe fließt das Ganze wieder ins Meer zurück. Vielleicht liegt ja der Erfolg kommender Anlagen nicht in der Nutzung des Aufs und Ab der Wellen, sondern im Hin und Her der Gezeitenströme? Wer sich diese Gedanken selbst näherbringen will, der kann mal unter dem Stichwort „Eidersperrwerk" *) nachlesen.

Ich könnte mir Anlagen vorstellen, die weitestgehend, wenn nicht sogar völlig unter der Wasseroberfläche verschwinden. Ohne das Bild einer schönen Uferlandschaft zu verschandeln. Einer Turbine kann es schließlich, bei entsprechender konstruktiver Gestaltung, egal sein, ob das Wasser vorwärts oder rückwärts durch sie hindurch strömt! Und sage niemand, das wäre technisch nicht möglich! Eine Herausforderung mag es schon sein, aber mehr auch nicht.

Wasser hat schließlich eine völlig andere Dichte als Luft. Demzufolge müssen die Propeller oder Turbinenräder solcher Anlagen auch nicht die riesigen Dimensionen der Windkraftanlagen haben. Bei diesen Gedanken höre ich schon die kritischen Rufe: die Strömungsgeschwindigkeit ist doch meistens zu gering. Nun, diese Einschränkung gilt nicht überall auf unserem Planeten. Aber: wenn man eine Technik erst einmal in Betrieb gesetzt hat, dann gibt es auch eine technische Weiterentwicklung. Das war schon immer so. Wer das nicht glauben mag, der soll sich doch bitte mal nur ein Radio aus den fünfziger Jahren des vergangenen Jahrhunderts ansehen und dagegen in HiFi Gerät *) der neuesten Generation. Spätestens dann, wenn der erste Wettbewerber auftaucht, wird diese Weiterentwicklung angeschoben.

Unmöglich, die erforderlichen, drehenden Bauteile frei von schmierenden Ölen und Fetten zu lagern? Als Teil des integrierten Gewässerschutzes auf diese Schmierstoffe verzichten, unmöglich? Das sehe ich nach jahrzehntelanger Berufserfahrung, auch im Maschinen- bzw. Anlagenbau, anders. Denn: ein drehendes Bauteil, welches nicht in Öl oder Fett gelagert wird, kann im Schadensfall auch keine Ölpest auslösen! Und seit mehr als hundert Jahren kennen wir U-Boote. Menschen halten sich darin über Tage, Wochen unter Wasser auf. Bereits 1969 war die erste Mondlandung. Ergo vor über fünfzig Jahren.

Da sollen Gezeitenkraftwerke, nein besser: *Strömungskraftwerke* nicht oder nur sehr schwierig zu realisieren sein?

Unsere Industrie lechzt doch nach neuen Aufgaben und Herausforderungen. Der Maschinenbauer, der Werkzeugbauer, der Anlagenbauer, das sind ein Heer von hochqualifizierten Akademikern, Ingenieuren, Konstrukteuren, Elektronikern, Kaufleuten, Mechanikern. Und oft sind sie ja nur verlängerte Werkbänke der kränkelnden, darbenden Automobilindustrie.

Über allen diesen Menschen, Fabriken, Unternehmen schwebt das Damoklesschwert des brachial geforderten Umbaus der Mobilität. Für alle gerade eben genannten wäre eine neue, große Aufgabe *das* Licht am Ende des Tunnels.

Es gibt mittlerweile sogar erste Versuche, wer mehr wissen möchte: „*Sustable Marine Energy*" *). Dieses Unternehmen installiert von einem schwimmenden Ponton aus mehrere Schiffspropeller im Wasser und generiert damit Strom. Für mich ein hoffnungsvoller erster Schritt. Würde dieser Weg mit entsprechender Förderung beschritten, könnten wir weltweit einen signifikanten Teil unseres Energiebedarfes mit einer Form der Wasserkraft decken, die letztendlich an der Oberfläche der Meere und Flüsse kaum oder nicht zu sehen ist.

Natürlich gibt es auch zu dieser Technik kritische Stimmen: Fauna und Flora unter Wasser, die viel, viel zu geringe Strömungsgeschwindigkeit unter Wasser an vielen Flussmündungen!

Auch hier gilt: die Strömungsgeschwindigkeit mag teilweise problematisch sein, im ersten Schritt. Hat man die Technik aber erst mal im Griff, befindet man sich im Stadium der Optimierung, der Anwendung im großen Stil, dann sind das doch lösbare Aufgaben. Zumal es ja auch noch z. B. einen Herrn Giovanni Battista Venturi *) gab. Und von dessen Wirken sehe ich bis jetzt noch nichts in Verbindung Strömungskraftwerken.

Man muss solche zur Windkraft alternativen Anlagen wollen. Politisch wollen und fördern.

Ein anderer Bereich der Wasserkraft im weiteren Sinn ist die Energiegewinnung aus Wasserstoff. Vereinfacht ausgedrückt wird Wasser mit Hilfe von Strom aufgespalten in Wasserstoff und Sauerstoff. Den Sauerstoff kann man an die Umgebungsluft abgeben oder für irgendwelche Prozesse nutzen. Diesen gewonnenen Wasserstoff kann man speichern, Fahrzeuge und Maschinen damit betreiben oder wiederum zur Gewinnung von Strom verwenden. Wird der Wasserstoff verbraucht, entsteht als Abfallprodukt im Wesentlichen Wasser. Sinnvoll wird das Ganze, wenn der Strom zur Herstellung des Wasserstoffes aus regenerativen Quellen kommt. Beim Wasser als Ausgangsstoff spielt die Verfügbarkeit und Qualität eine erhebliche Rolle. Bisher wird für die Herstellung von Wasserstoff Süßwasser (= Trinkwasser) benötigt. Trinkwasser hat aber nur einen Anteil von etwa drei Prozent unseres globalen Wasserhaushaltes! Demnach wäre auf Dauer Wasserstofftechnologie in Verbindung mit Meerwasser *die* sinnvollere Lösung. Es gibt ja bereits erste Anlagen zur Herstellung von Wasserstoff aus Salzwasser, dafür muss dieses Salzwasser allerdings erst entsalzt werden. Der an vielen Stellen auf unserem Planeten bereits vorhandene Mangel an Trinkwasser legt daher den Gedanken nahe, die Gewinnung von Wasserstoff im großen Maßstab in die Nähe der Küsten oder sogar „off shore", also nach draußen, auf das Meer zu verlegen. Dort hätte man das Ausgangsmaterial (Wasser) und die nötige Energie (Wind, Sonne, Strömung z.B.) in hinreichender Menge und Vielfalt zur Verfügung. Eine kleine Grafik ist am Buchende eingefügt.

Allerdings gilt es auch, im Umgang mit diesem edlen Stoff ein anderes, höheres Sicherheitsniveau zu bedenken, schließlich ist Wasserstoff hochexplosiv.

*bitte: Weiterdenken...*


## 2.3. Energie aus der Luft

Windenergieanlagen sind heute allgegenwärtig. Aber: kann ihr Anblick wirklich als Bereicherung der Landschaft angesehen werden?

Von Schlagschatten, Lärmemissionen und der Problematik der Rotorblätter, Vogelschlag usw. einmal ganz abgesehen. Wie sturmfest sind diese Dinger denn wirklich? Wir alle sehen doch mittlerweile in immer kürzeren Abständen die Auswirkungen extremer Wetterlagen.

Die ersten Rotorblätter sind uns doch schon im Sturm um die Ohren geflogen.

Vogelschlag ist auch so ein Stichwort, über das sich diskutieren ließe.

Oder, was ist mit dem Thema „Landschaftsverbrauch"? Oder, wer erneuert diese Kunststoffteile der Rotorblätter am Ende ihrer (oft nur mit etwa zwanzig bis dreißig Jahren geplanten) Lebensdauer? Welche Recyclingtechnologien gibt es dafür, wie entsorgen wir die Reststoffe aus diesen Rotorblättern oder besser, können wir diese jemals stofflich wiederverwerten? Einem weiteren, sinnvollen Nutzen zuführen?

Klar, den Betonsockel oder den Turm aus Beton (oder Stahl) kann man recyceln. Ist ja nicht die Menge, oder? Nun, für ein großes Windrad können ja alleine für das Fundament mal eben so locker an die ein- bis zweitausend Tonnen Beton zusammenkommen. Hat eigentlich mal irgendjemand den Verbrauch an Ressourcen für eine solche Anlage incl. des Sondermülls, den die Propellerflügel heute noch darstellen, betrachtet? So eine Art ehrliche Gewinn- und Verlustrechnung für diese Dinger über ihren gesamten stofflichen Kreislauf bis zur Wiederverwertung?

Wieviel Solarzellen und / oder Windräder braucht man, um die nötige Energie für die Herstellung von nur einer Tonne „grünem" Zement bereitzustellen? Wir brauchen etwa zwanzig Prozent Zement je Tonne Beton *). Können mit einer Tonne „grünen Zement" etwa fünf Tonnen Beton herstellen. Den Rest kann man sich selbst errechnen.

Ähnliche Fragen ließen sich auf die erforderlichen "grünen Materialien" für das Windrad formulieren!

Was ist mit den Gefahren bei Sturm, konstruktiven Mängeln oder ähnlichem? In Haltern am See ist in diesem Jahr ein praktisch fabrikneues Windrad zusammengebrochen, noch vor der Inbetriebnahme! Hat mal einer daran gedacht, die möglicherweise Wasser gefährdeten Schmierstoffe und Öle unmittelbar nach dem Zusammenbruch fachgerecht zu entsorgen oder ist das Zeug erst mal fröhlich in den Boden der Unglücksstelle versickert?

Wie tauscht man „off shore", also draußen auf dem offenen Meer Rotorblätter aus, wenn diese das Ende ihrer Lebensdauer erreicht haben? Wenn die neueste „off shore" Technik sogar freischwimmende, also nicht mehr mit einem Fundament im Meeresboden verankert Anlagen möglich macht? Die dann „praktisch" nur noch an einer Art „Ankerkette hängen"? Oder versinken solche Anlagen dann „zufällig" vor der anstehenden Revision beim nächsten Sturm?

Ich sehe bis dato keine Antworten oder Lösungen in diese Richtung. Eher eine große Vielzahl ungelöster Fragen und Probleme.

Oder eine weitere, spannende Frage: Im Flugzeugbau, bei den durch Propeller angetriebenen Flugzeugen, da kennt man Tandempropeller. Meist zwei Motoren, die hintereinander sitzen. Ein Propeller am vorderen Ende der Motorgondel, einer am hinteren Ende. Ist vielleicht strömungstechnisch nicht so ganz optimal, würde aber möglicherweise den einen oder anderen Solo-Windpropeller ersparen und damit Landschaftsverbrauch reduzieren.

*bitte: Weiterdenken…*

Gibt es denn eine Gemeinde, eine Kommune, die das Thema „Austausch von Rotorblättern", d.h. Kosten, Verantwortlichkeit, Ausführung usw. in ihren Verträgen verankert hat? Oder bleiben die Kommunen in zwanzig oder dreißig Jahren auf den Kosten sitzen, wenn die Rotorblätter am Ende ihrer Lebensdauer angekommen sind? Weil der

Inhaber und Betreiber (also derjenige, der die Gewinne einsteckt) irgendwo auf einer Insel der Steuerseeligen resistiert und nicht oder nicht mehr greifbar ist?

Irgendwie erinnern mich diese Themen rund ums Windrad an Themen der Vergangenheit wie Asbest, Kernenergie usw. Diese Techniken wurden ja auch alle mit viel Begeisterung begrüßt! Und heute?

Es gibt alternative Möglichkeit der Windenergienutzung durch Anlagen, beispielweise nach dem Venturi-Prinzip *). Keine Schlagschatten, sicherlich auch deutlich geringere Geräuschemissionen. Vogelschlag wäre wohl kaum noch ein Thema. Wahrscheinlich wäre diese Technologie mit einer Entsorgungstechnik zu koppeln, die wir schon heute beherrschen (z.B. Metalle einschmelzen und erneut verwerten). Also nur noch eine einfache technische Aufgabe, die zu lösen wäre…

Wie das etwa aussieht? Einfach ausgedrückt: ein Propeller, besser gesagt, die Turbine dreht sich im *inneren* des Maschinenhauses in einem Trichterähnlichen Kanal. Bei der Windkraftanlage, die wir überall sehen können, ist der Propeller (das sind die Flügel des Windrades) *außen* angebracht ist.

Diese innen im Maschinenhaus, in einem (trichterähnlichen) Venturikanal liegenden Turbinen sind aus vielerlei, auch noch neuen Materialien denkbar. Also nachhaltig, nach dem „Cradle to Cradle" Gedanken zu fertigen. Ein- und Ausströmöffnungen dieser Anlagen ließen sich beispielsweise mit Irisblenden relativ einfach Sturmsicher gestalten.

Eine *innen* im Maschinenhaus liegende Turbine ist doch sicherlich auch bei gleicher Bauhöhe wie eine klassische Windkraftanlage einfacher zu warten! Wie lustig ist das denn, als Monteur, als Bauleiter, Ingenieur in schwindelnder Höhe in einem baumelnden, schaukelnden Arbeitskorb zu hängen! Dabei Wind und Wetter ausgesetzt sein und mal eben ein tonnenschweres Rotorblatt von zig Meter Länge auszuwechseln! Wie wäre es denn, wenn die ach so cleveren Befürworter und Entscheidungsträger ihren Allerwertesten auch mal in so ein nettes Arbeitskörbchen dort oben hinbegeben würden?

Stellen wir uns nur einmal vor, auf Hochhäusern und ähnlichem säße jeweils eine solche kleine, dezentrale Anlage nach eben diesem Venturiprinzip. Die ihren Standort, ihr Hochhaus weitgehend oder vielleicht auch zu einhundert Prozent oder mehr mit Energie versorgt. Geräuschisoliert, dezent in die Gebäudearchitektur integriert!

Auch hier gibt es wieder die Kritiker, die mit „erforderlichen Windgeschwindigkeiten" argumentieren. Mein Gegenargument wäre auch hier der Faktor: „technische Weiterentwicklung".

Und über einen Punkt habe ich trotz aller Recherche noch nirgendswo etwas gelesen: *die Kaskadenlösung!* Schlicht gesagt: auf einen dieser Spargelmasten setzt man oben nicht *nur eine* nach dem Venturiprinzip arbeitende Wind= kraftanlage, sondern man setzt mehrere Anlagen über- oder nebeneinander! Das würde doch das Thema Landschaftsverbrauch in einem völlig anderen, positiveren Licht erscheinen lassen!

Und dann das Ganze gekoppelt mit Photovoltaik! Oder mit Solarthermie?  Unmöglich! - ???

Nein, eher eine Herausforderung für Architekten, Ingenieure und Statiker. Im Prinzip könnte auf jedem Hochhaus ein „Maschinenkopf" sitzen – so ähnlich wie früher bei den Windmühlen. Mit einem Windrad nach dem Venturiprinzip, oder auch mehreren dieser Dinger. Egal ob friedlich nebeneinander oder als Kaskadenlösung übereinander. Oder vielleicht können dort auch ein paar Flettnerrotoren aufgestellt werden? *)

Man müsste nur einmal wieder – Weiterdenken.

Kleine Venturi-Anlagen zur Energieerzeugung sind bereits am Markt verfügbar. Für die Weiterentwicklung zu größeren oder gar Großanlagen mangelt es nicht am Können der Industrie, vielmehr am Willen der politischen Entscheidungsträger. Über Flettnerrotoren reden wir bei der Schifffahrt.

Vielleicht sollten wir sogar mal den uralten Gedanken der klassischen Windmühle wieder aufgreifen. Eine ins Landschaftsbild seit alters her eingepasste Technik, die regional mit Strom, vielleicht sogar Erdwärme oder einem sonstigen, positiven Nebenprodukt das Portfolio der Möglichkeiten bereichert.

*bitte: Weiterdenken…*

## 2.4. Windenergieausnutzung

Wie oft sieht man stillstehende Windräder, obwohl Wind sichtbar, obwohl er deutlich fühlbar ist. Warum ist das so? Gibt es momentan keine Absatzmöglichkeit am Markt für die gerade eben erzeugbare Energie???

Wie wäre es mit einer Anlage zur Herstellung von Wasserstoff (oder eines anderen, sinnvollen und speicherbaren Energieträgers) am Fuße des Windrades, des Windparks? Wird der erzeugte Strom im Netz nicht benötigt – dann hinein damit in die Wasserstoffgewinnung (oder ähnlich). Also: kein Stromabsatz am Markt im Moment, dann erzeugen wir halt Gas (oder anderes). Das können wir dann wiederum (entsprechend aufbereitet) ins Erdgasnetz einspeichern oder lagern. Oder Schulen, Kindergärten, Häuser beheizen und Fahrzeuge betreiben usw.

Klar, wenn ich die aus Wind gewonnene Energie (also Strom) erst einmal in einen anderen Energieträger transferiere, leidet der Wirkungsgrad. Aber, ist das dann so wirklich so wichtig? Wenn die Frage lautet, Wind ungenutzt verstreichen zu lassen oder, mit geringerem Wirkungsgrad und vorhandenen Anlagen, in einen gut speicherbaren Energieträger zu wandeln? Um damit im Bedarfsfall wiederum fossile Energieträger zu ersparen? Da sollte man doch sicherlich noch mal ernsthaft nachdenken. Mir persönlich wäre der Wirkungsgrad in einer solchen Situation relativ egal! Zumal ja auch in solchen Technikfeldern oder auch bei den Energiespeicherformen weitere Entwicklungen stattfinden werden.

Auch hier wieder,

*bitte: Weiterdenken…*

## 2.5. Solarenergie

In meinen Augen die nachhaltige Energie schlechthin! Wenn die Sonne irgendwann einmal erlischt, braucht sich die Menschheit wahrscheinlich sowieso keine Gedanken mehr zu machen.

Selbst in unseren Breitengraden ist diese Energieform nutzbar, wird bereits angewandt. Was wäre, wenn man diese Kollektoren usw. nicht nachträglich auf das Dach des Hauses montiert? Wenn also die Elemente einer Solaranlage oder Photovoltaikanlage oder die Anlage für Solarthermie zugleich die Dacheindeckung darstellen? Natürlich braucht es Elemente zur Anpassung der einen Ecke hier oder dort. Aber das sollte doch wohl kein Problem sein?

Der Gedanke müsste doch sowohl beim Neubau als auch bei der Renovierung vorhandener Dächer umsetzbar sein. Selbstverständlich an Stelle von Ziegeln oder Betondachsteinen. Denn diese Ziegel oder Betondachsteine benötigen ja ebenfalls Energie zu ihrer Herstellung. Verursachen dabei $CO_2$ und Feinstaub, verbrauchen kostbare Ressourcen usw. Wenn wir dem Klimawandel ernsthaft begegnen wollen, reicht es doch nicht aus, $CO_2$ neutral zu werden! Wir müssen auch mit den *endlichen* Ressourcen unseres blauen Planeten sparsam umgehen. Wir sollten uns stets fragen, brauchen wir das, geht das nicht einfacher und besser.

Wenn wir also einen Sonnenkollektor als Element der Dacheindeckung (beispielsweise) auf das Dachgebälk bzw. die Dämmung direkt aufschrauben? Dann muss doch das Kostenpaket „Dacheindeckung mit Solartechnik" (bislang bestehend aus Dacheindeckung + Anpassungen + Sonnenkollektor) erheblich günstiger werden! Die Wirtschaftlichkeit der Anlagen müsste sich doch signifikant erhöhen! Und wir hätten die Energie, die (endlichen) Rohstoffe, die Transporte und alle daraus restituierenden $CO_2$ Emissionen für beispielsweisen Dachziegel oder die Betondachsteinen erspart!

Also darf bei solchen Entwicklungen (Solaranlage auf dem Dach) das ökologische Gesamtportfolio nicht außer Betracht gelassen werden. Eine klassische Dacheindeckung wird meist auch im Inland hergestellt und entsorgt. Siehe Ziegel= granulat auf z.B. Sportplätzen. Diese Dacheindeckungen leben oft um vierzig bis fünfzig Jahre. Dieses ökologische Gesamtportfolio der klassischen Dacheindeckungen ist der Maßstab, an dem sich Solaranlagen oder Photovoltaikanlagen dann ihrer Lebensdauer und ihren Lebenszykluskosten messen lassen müssen. Generell gilt dieses für den „ökologischen Fußabdruck" aller Produkte im Vergleich.

Das bedeutet aber auch, dass wir uns heute schon mal Gedanken über das „danach" machen müssen. Also wie entsorge ich meine Photovoltaikanlage oder meine Solarthermieanlage, die mir vom Dächlein des Hauses jahrelang Energieersparnisse gebracht hat? Wohin mit dem Gerümpel? Muss ich vielleicht in zwanzig oder fünfundzwanzig oder mehr Jahren, wenn die schöne Solaranlage ausgedient hat, irrsinnig teure Entsorgungskosten bezahlen? Entsorgungskosten, die vielleicht im Nachhinein die schöne Anlage zu einem massiven Verlustgeschäft werden lassen? Wenn der Betreiber dieser Anlage dann mittlerweile zwanzig oder fünfundzwanzig Jahre näher an seiner Rente ist und keine

Möglichkeit der Kompensation mit den paar Rentenkröten mehr hat?

Wie bitte wird stofflich getrennt, wird sinnvoll weiter verwertet? Wie ist es um die Sicherheit der Feuerwehr im Brandfall bestellt? Wer diese Fragen heute stellt, beispielweise für die vielen schon vorhandenen Anlagen, der erntet doch nur große Fragezeichen!

Und es gibt doch genügend Länder weltweit, nicht nur in Europa, die für die Gewinnung von Solarenergie prädestiniert sind. Wenn man in einer Wüste, einer Wüstenlandschaft plötzlich Energie gewinnen und diese vermarkten kann, dann sollte damit doch auch das Bruttoinlandsprodukt des jeweiligen Landes rasanten Zuwachs erfahren. Einfacher gesagt: Die Nutzung der Sonnenenergie sollte Wohlstand in das jeweilige Land bringen (der aber dann nicht in den Taschen einiger Weniger versickern darf). Und Wohlstand hat sicher auch Einfluss auf das Wachstum und die Bildung der Bevölkerung. Dazu an anderer Stelle mehr.

Ach, übrigens: wenn wir schon in der Lage sind, an beliebiger Stelle auf unserem Globus, also am Meeresboden genauso wie im Permafrost Pipelines für fossile Öle und Gase zu betreiben, dann sollte doch auch der Transport von Wasserstoff (oder einem Derivat, welches wir mit Hilfe der lieben Sonne irgendwo in der Wüste erzeugt haben ) beispielsweise aus der Sahara nach Frankfurt kein wirkliches Problem sein.

*bitte: Weiterdenken...*

## 2.6. Energie aus dem Boden

Das haben bzw. hatten wir schon - die Kernenergie. Alle oder besser, sehr viele haben „Hurra" gebrüllt. Naja, einige hatten schon Bedenken. Doch die Kernindustrie wurde gefördert und unterstützt.

Und die Folgen, siehe Tschernobyl, siehe Fukushima? Steht das Wort „Atom" wirklich für unendlich kleine, winzige, strahlende Teilchen oder steht es für *„Alle Tot Oder Mutiert"?*

Oder - was ist mit der Entsorgung des Atommülls? Wo ist denn *das* Konzept, welches unsere spaltbaren, strahlenden Abfälle wirklich zukunftssicher lagert??? Die derzeitigen Zwischenlager sind doch schon nach Sekundenbruchteilen (bezogen auf die Restdauer der Strahlung) am Ende ihrer Möglichkeiten! Also braucht es Lösungen, die *absolut* sicher sind für unsere Kinder, Enkel und Urenkel. Für die nächsten ...zigtausend Jahre!

Bis dato waren die Gewinne wohl bei den Konzernen angesiedelt, die Kosten und Probleme der Zukunft tragen wir Bürger. Auch wenn unser, global betrachtet, kleines Land jetzt aus diesem Thema aussteigt, was ist mit der Kernenergie weltweit? Natürlich ist dieser, unser Schritt des Ausstieges richtig und wichtig. Als Fingerzeig und als Vorbild. Aber er genügt nicht!

Ist es denn nicht grotesk, wenn Deutschland aus der Atomenergie aussteigt, sogar aus der Kohleindustrie aussteigen will, während zeitgleich der unmittelbare, große Nachbar Frankreich den Ausbau der Kernenergie propagiert, um für den gestiegenen Strombedarf (der infolge der Klimapolitischen Maßnahmen entstehen wird) gerüstet zu sein?

Er genügt also keineswegs, wenn wir weiterhin Strom aus dem Ausland beziehen, über den fröhlich ein Reaktor gebrütet hat. Ein „Fall Out" macht nicht an Ländergrenzen halt. Übrigens der Fein- und Ultrafeinstaub aus den Filteranlagen der Kohlekraftwerke genauso wenig!

Wäre es nicht eine Herausforderung, ein „Weiterdenken", wenn man eben diese Kernindustrie jetzt zum nächsten Schritt, zur Kernfusion auffordern würde?

Zu utopisch, für viele vielleicht. Aber vielleicht wäre das ja auch ein Weg, die Unmengen strahlenden Abfalls – die sich ja auch weltweit täglich mehren, einer gesicherten Verwertung zu zuführen. Damit wir unseren Kindern und Enkeln keine „strahlende" Zukunft mehr zu hinterlassen.

Ich selbst sehe mit Spannung der Vollendung des TOKAMAK-Reaktors *) in Südfrankreich entgegen.

Er soll ja 2025 fertig werden. Und ich bin heute schon auf die erste Panne gespannt. Wenn das Magnetfeld zur Abschirmung dieser irrwitzigen Kräfte und Strahlung mal flackert …

Da wäre auch noch die Entwicklung des „Dual Fluid Reaktors" *) zu nennen, eine interessante Entwicklung in einem frühen Stadium der kommerziellen Nutzung. Vorteile dieses Reaktortyps sind unter anderem die Möglichkeit, abgebrannte Brennstäbe aus den klassischen Reaktoren zu verwerten.

Aber es gibt ja noch andere Möglichkeiten, Energie aus dem Boden zu gewinnen.

Es gibt Länder wie Island, die verfügen über heiße Quellen, die sie wirklich vorzüglich nutzen können. Nach meiner Einschätzung das Beste, was der Boden unserer Mutter Erde zu bieten hat.

Uns hier in Deutschland bleibt im Wesentlichen die Geothermie, auch Erdwärmebohrung genannt. Eine feine Sache, eine tolle Lösung. Wirklich! Oder?

Schauen wir doch einmal nach Staufen im Breisgau oder Landau in der Pfalz. Erdhebungen heißt das schöne Zauberwort. Dort hat man auch recherchiert, geplant, man war sich sicher. Sehr sicher. Ganz sicher! Das ist völlig harmlos, da passiert nix. Gar nix! Mutter Natur sah das anders. Weil „versehentlich" ein Gips-Feld tief unten in der Erde angebohrt wurde. Und da kam dann Wasser rein. So-versehentlich. Und Gips plus Wasser ergibt einen Quellvorgang, das Volumen des angebohrten Feldes vergrößerte sich (einfach ausgedrückt). Jetzt gibt es als Folge dessen „Erdhebungen". Also Risse in Straßen, in Häusern usw. Bis hin zur Unbewohnbarkeit der trauten Heime. Natürlich prüfen derzeit die Gutachter noch, wo die wahren Ursachen liegen, wer die Schuld trägt, wer die Schäden bezahlt. Ein Schelm, wer Böses dabei denkt!

Anders ausgedrückt, unsere Erde ist keine homogene Kugel, so wie eine Stahlkugel, eine Billardkugel oder ähnliches. Nach allem, was wir wissen, ist es ein flüssiger, unvorstellbar heißer Kern mit einer dünnen Kruste oben auf, also den Landmassen (die sich auch unter den Ozeanen erstrecken).

In dieser äußeren Krustenschicht herrschen Spannungen, die sich entladen. Da schiebt sich eine tektonische Platte auf oder unter eine andere usw. Wenn das dann geschieht, nennen wir das dann Erdbeben. Das erleben wir hier, im Odenwald, am Rand des Oberrheingrabens auch ab und an. So ein bisschen halt. Da fällt mal ein Schornstein vom Dach oder ein Kirchlein hat Probleme mit dem Glockenstuhl. Also nix Wildes. Aber vielleicht lösen diese tektonischen Spannungen ja auch mal einen Vulkanausbruch aus. Kann man rund um den Globus immer wieder beobachten. Was exakt im inneren dieses Erdkerns geschieht? Berechnet wurde schon viel – gesehen hat es noch keiner.

Unsere Erde ist eine abgeflachte Kugel mit etwas mehr als 12.700 km Durchmesser am Äquator. Die tiefste Erdbohrung, die Kola- Bohrung *) lag bei etwa 12.000 Meter – also etwa 12 km.

Wir, die Menschheit, haben also mal ein Tausendstel des Durchmessers unsere Erde angebohrt. Wir haben sie, die Erde gerade mal am Allerwertesten gekratzt! Wir, nein, die Experten und CEO`s, die Spitzenmanager und Spekulanten glauben, diese unsere Erde mit ihrem bisschen an Wissen beherrschen zu können. Und die wollen jetzt munter Erdwärme nutzen oder gar Fracking betreiben!

Die Folgen, wenn dabei versehentlich Gipsfelder angebohrt werden, haben uns die „Erdhebungen" doch gezeigt. Was jedoch geschieht, wenn wir einen Spannungsknoten zwischen tektonischen Platten *„versehentlich"* erwischen? Und der Planet dann richtig bebt? Können wir dann die „Resett-Taste" drücken?

Oder die Frage beim Fracking, was geschieht, wenn Grundwasseradern z. B. anders verlaufen als geplant oder berechnet? Wenn *„plötzlich, unerwartet und nach dem Stand der Technik nicht vorhersehbar"* Grundwasserreserven im großen Maße verseucht werden? Ach so, vielleicht jagen ja der Betreiber der Fracking-Anlage dann Spülmittel aus dem wöchentlichen Sonderangebot des Supermarktes hinterher! Am besten, die biologisch abbaubare Variante? Wie gesagt, ein Schelm, wer Böses dabei denkt.

Ich glaube vielmehr, dass für solche Energieträger die Zeit noch lange nicht reif ist.

Wir sollten hier,

*bitte: Weiterdenken…*

### 2.7.  Nachwachsende Rohstoffe

Vielleicht sollten wir etwas, oder besser sogar viel mehr Aufmerksamkeit auf nachwachsende Rohstoffe legen. Insbesondere vor dem Hintergrund des ständig wachsenden Energieverbrauches, der mit Strom (woher auch immer) alleine wohl nicht zu stemmen sein wird. Also mehrgleisig fahren, wo immer möglich, Synergieeffekte nutzen. Brückentechnologien entwickeln, aufbauen und nutzen! Synthetische Kraftstoffe gab es etwa ab den zwanziger Jahren des vergangenen Jahrhunderts. Manchen ist das Wort „Leunabenzin" *) noch ein Begriff.

Natürlich, der Landschaftsverbrauch, der böse, böse Landschaftsverbrauch! Ihr lieben Städter und sonstige Schreihälse, seht euch doch mal auf dem Lande um. Dort, wo kein Häuschen steht, keine Straße sich windet, da ist es in aller Regel grün! Das sind nicht nur Äcker und Wiesen, da

sind ganz viele Brachen, Wegränder, Böschungen usw.
darunter. Oder es blüht sogar! Dann muss man doch z.B. nur
einen genügend großen Teil dieser Brachen usw. mit Dingen
bepflanzen, aus denen wir lecker Biotreibstoff oder ähnliches
gewinnen können! Wir können und dürfen vor dem
Hintergrund dieser Menschheitsaufgabe „Klimawandel" nicht
nur in eingefahrenen Gleisen denken!

Viele von uns kennen sicherlich noch das Schlagwort vom
Biodiesel. Dieselkraftstoff aus Pflanzen zu gewinnen, ein
Thema, beinahe älter als der Dieselmotor selbst. Wurde in
der Bundesrepublik vor einigen Jahren lautstark propagiert,
hat in vielen Motoren riesige Problem verursacht. War halt
"Hoppla, Hopp" etwas unausgereift.  So ein richtig schönes
Beispiel für „Häschen, Hüpf" Politik.

Schlimm finde ich, wenn zur Gewinnung dieser Biokraftstoffe
irgendwo auf unserem Globus dann wertvolle Wälder gerodet
werden, um beispielsweise Palmöl-Plantagen anzubauen.
Und das Ganze mit Subventionen oder ähnlichem bis ins
Jahr 2021 hinein unterstützt wird! Und wenn man dann
dieses Palmöl um den halben Globus transportiert, um hier
Kraftstoffe aus nachwachsenden Rohstoffen anzubieten oder
zu verkaufen? Sind die Tankschiffe, die das Zeug
transportieren, denn emissionsfrei in Herstellung, Betrieb und
Verschrottung am Ende ihrer Lebensdauer? Hat mal einer
einen Bericht gesehen über die Verschrottung von Schiffen?
Da sind Umweltstandards offensichtlich ein Fremdwort.
Können wir auf die gerodeten Wälder, die Mangroven und
Urwälder wirklich verzichten???

Da kann man doch auch gleich den Teufel mit dem
Beelzebub austreiben!

Heute tanken wir mineralische Kraftstoffe (also aus Erdöl
gewonnene Kraftstoffe) mit einem definierten Anteil an
Biokraftstoffen (z. B. E10). Keiner sagt uns an der Tankstelle,
woher der „E10" *) Anteil kommt, wie er gewonnen oder
transportiert wurde.

Dabei wären synthetische Kraftstoffe (Benzin, Diesel)
durchaus sinnvoll. Denn sie könnten die Brückentechnologie
für deine schnellen und sanften Übergang in das Zeitalter von
$CO_2$ Freiheit sein

Denken wir an die Luftfahrt. 2019 flog das erste Flugzeug nur
mit Sonnenenergie *) um den Globus. Okay, die Technik ist
im Prinzip da, aber die Nutzung für den Frachten- oder
Personentransport ist noch in weiter, weiter Ferne.

Da ist auch noch eine Unzahl privat oder gewerblich
genutzter Fahrzeuge, Antriebsaggregate, Schiffe usw. die
nicht auf Elektromobilität umgestellt werden können. Oder
auch ökologisch nicht sinnvoll umgestellt werden können. Ein
Handwerker mit seinem Transporter und einem Anhänger im
Mittelgebirge? Was macht der Monteur für den Notdienst
oder gar der Notarzt, wenn der Hilferuf kommt und die
Batterie noch nicht ausreichend oder gar nicht geladen ist?
Da wird vieles, sehr vieles auf lange Sicht mit den schönen,
neuen Batterien noch nicht prickelnd funktionieren.

Was ist mit dem Bauern und seinem Traktor, seinem
Mähdrescher usw.?

Und wir haben hier in Deutschland viele Mittelgebirge: Harz,
Rhön, Taunus, Eifel, Westerwald, Odenwald, um nur einige
wenige zu nennen. Um nicht zu sagen, so flach und eben wie
um unsere Bundeshauptstadt herum ist es doch eigentlich
nur in einem sehr begrenzten Teil unserer Bundesrepublik!

Und, anstatt einer funktionierenden Industrie, die
Automobilindustrie, einen Wirtschaftsmotor mal so eben vor
die Wand zu fahren, könnte man doch den vorhandenen
Fuhrpark (auch Europaweit) mit überschaubarem Aufwand
und Kosten in großen Teilen auf Bio-Gasantrieb und auch
Bio-Diesel umrüsten. Oder meinetwegen etwas später auf
Wasserstoff umstellen. Das wäre mal ein sinnvolles
staatliches Förderprogramm! Und $CO_2$ neutral! Außerdem
würde doch eine solche Technologie der nachwachsenden
oder auf Wasserstoff basierende Energieträger, in vielen

Fällen einen schnelleren, aber sanfteren Übergang zu einer $CO_2$ armen oder sogar $CO_2$ neutralen Technik ermöglichen! Wenn man im vorhandenen Bus oder LKW ein Biodiesel aus nachwachsenden Rohstoffen fahren könnte! Wenn man die Ölheizung im Keller mit geringem Aufwand plötzlich mit Bioheizöl $CO_2$ neutral betreiben könnte! So wäre ein sanfter Übergang zu einer späteren, z. B. elektrischen Lösung möglich. Bei der dann auch sämtliche Für und Wider, sämtliche Folgen, wie z. B. Ressourcengewinnung und deren Wiederverwertung wirklich umfassend ohne Zeitdruck bedacht werden können. Die dann also wirklich nachhaltig und $CO_2$ neutral ist. Und mit diesen Technologien hätten wir möglicherweise auch wieder den einen oder anderen Exportschlager.

Ergo sollten dann, auch im Sinne einer wirklich positiven ökologischen Gesamtbilanz, die erforderlichen nachwachsenden Rohstoffe vor Ort gewonnen werden. Raps und Sonnenblumen müssen es nicht sein. Biologen können bestimmt auf Anhieb eine Vielzahl an schnell wachsenden Pflanzen benennen, die weder Lebensmittel- noch Futterrohstoff sind. Mir fällt da beispielsweise der Bambus ein.

Natürlich kommen jetzt Kritiker, die da sagen, dass solche Anlagen, diese Art der Rohstoffgewinnung im großen Maßstab europaweit ausgeschrieben werden müssen. Müssen wir dann wirklich Sonnenblumen oder Ähnliches von Spanien in den äußersten Norden Europas karren, oder aus dem östlichsten Zipfel Europas in das Ruhrgebiet? Selbst aus Bayern nach Flensburg scheint mir das nicht sinnvoll. Ist, ja wäre es nicht sinnvoll, Europarecht an den Klimaschutz an zu passen? Oder wollen wir dem Klimaschutz das veraltete Denken im Recht unterordnen? Oder können wir etwa mit dem Beharren auf alte Gesetze $CO_2$ reduzieren und den Temperaturanstieg des Klimas einbremsen?

Sinn macht doch, wenn wir das nachhaltig produzierte Rohmaterial, den nachwachsenden Rohstoff möglichst nahe am Ort des Wachstums verarbeiten. Dieses Rohmaterial sollte, nein es darf dann nicht im Wettbewerb mit der Gewinnung von Lebensmitteln oder Tierfutter stehen.

Aber dieses Rohmaterial könnte Arbeitsplätze im Inland erhalten oder ausbauen, vielleicht auch wieder den Niedriglohnsektor beleben. Landwirtschaft kann man z.B. auch als aktive Landschaftspflege betrachten (da sollte man mal über den Tellerrand, z.B. in die Schweiz oder nach Österreich sehen und sich ein Bild von der Landwirtschaft dort machen). An den Landwirt im Mittelgebirge muss man jedoch andere Maßstäbe anlegen als an seinen Kollegen in der norddeutschen Tiefebene. Und wenn das EU-Recht nicht passt? Die Gründerväter der Europäischen Union haben mit Sicherheit nicht im Entferntesten an ökologische Fußabdrücke von Energieträgern nachgedacht. Wenn man den ökologischen und energetischen Wandel wirklich will, dann müssen eben auch veraltete Rechtsregeln und Vorschriften angepasst werden. Und zwar zügig und zeitnah, nicht in Jahrzehntelangen Prozessen. Also zum Wohl der Bürger und der Umwelt mal richtig (verwaltungstechnisch) Gas geben!

Braucht es für diese nachhaltigen, synthetischen Energieträger neue Standorte? Mit vielen Planungen, Protesten, Gerichtsverfahren usw.?

Ich glaube nein. Ich bin überzeugt, nein.

*bitte: Weiterdenken…*

Denn wir wollen / wir sollen ja auch aus der Kohlekraft aussteigen.

Kohlekraftwerke gibt es zur Genüge, auch in Deutschland. Und die wollen wir ja abschalten, ersetzen.

Aber: jedes Kohlekraftwerk besitzt und benötigt riesige Flächen, um seine Brennstoffe, die Kohle, zu lagern und zu bevorraten. „Just in Time" Kohle mit dem Binnenschiff anliefern, das funktioniert halt nicht! Ein Kraftwerk selbst von Kohle als Energieträger auf z.B. Gas umzustellen, ist technisch kein Problem. Fällt die Kohle jedoch dann als Energieträger weg, dann entstehen Freiflächen aus nicht genutzten, nicht mehr benötigten Lagerflächen!

Und exakt auf diesen nicht mehr benötigten, freien Industrieflächen oder Brachen könnten die Anlagen zur Aufbereitung von Biomassen ihre Standorte finden. Biogas, erzeugt in diesen Biomasseanlagen, könnte dann die nun mit (Bio-)Gas befeuerten Turbinen in den ehemaligen Kohlekraftwerken antreiben. Könnten also die dort vorhandene Infrastruktur zur Verteilung des schönen, $CO_2$ neutralen Stromes in der Fläche nutzen. Oder das dort gewonnene Biogas kann aufbereitet ins Erdgasnetz eingespeist werden, dort evtl. sogar in einem definierten Maß zwischengelagert werden. Oder zur Wasserstoffgewinnung genutzt werden. Meine Nachbarn, Freunde und ich könnten die Heizung unserer Häuser auf Bio-Heizöl oder Bio-Gas umstellen. Alle betroffenen Bürger könnten das. Und sogar $CO_2$ neutral!

Also ihr Lieben, die ihr konzipiert und plant usw.,

*bitte: Weiterdenken…*

## 2.8.  Der Strombedarf

Unserem Strombedarf (nicht nur bundesweit betrachtet) unterliegt ständig sehr großen Schwankungen. Das gilt für den privaten wie für den industriellen Bedarf. Daher gibt es so etwas wie Grundlast-Kraftwerke und Spitzenlast-Kraftwerke.

Grundlastkraftwerke sind (vereinfacht ausgedrückt) träge Gesellen. Sie brauchen Zeit, bis sie aus dem Stand hochgefahren sind und ihre volle Leistung bringen. Und sie brauchen Zeit, bis man sie abschalten kann! Einen Dampfkessel beispielsweise kann man nicht von jetzt auf sofort Drucklos machen und auf Normaltemperatur bringen. Wer das nicht glaubt, kann ja mal versuchen, einen gut aufgefüllten und aufgeheizten Kochtopf abzukühlen. Am wohlsten fühlen sich diese Grundlastkraftwerke (d. h.

ökologisch und ökonomisch arbeiten sie am sinnvollsten) bei einer konstanten, gleichmäßigen Auslastung. Typisch für diesen Typ sind Kohlekraftwerke (hier muss ja erst mal Dampf erzeugt werden, zum Antrieb der Turbinen, für die Fernwärme usw.) oder auch Reaktoren (Atommeiler).

Spitzenlastkraftwerke sind die Sprinter in diesem Bild. Hier sind Wasserkraftwerke ein gutes Beispiel. Dreht man den Hahn auf, fliest Wasser durch die Turbinen und es gibt Strom. Dreht man den Hahn zu, gibt es- nix.

Dazwischen liegen so Sachen wie Windenergie (ist leider noch nicht auf Bestellung lieferbar) und auch Sonnenenergie (nachts auch leider nicht verfügbar, zumindest nicht bei uns).

Es wäre doch interessant, mal nachzudenken: was wäre, wenn wir durch intelligente Systeme versuchen, die Auslastung der Kraftwerke gleichmäßiger zu gestalten?

Wenn wir z.B. nachts in nur schwach ausgelasteten Grundlastkraftwerke z.B. Wasserstoff erzeugen lassen. Der dann im besten Fall an den folgenden Tagen zur Abpufferung von Spitzenlasten dient? Da braucht man dann im Endeffekt vielleicht das eine oder andere Kraftwerk weniger?

Ergo könnten unsere Haushaltsgeräte ebenfalls intelligenter werden. Den Küchenherd, den brauche ich, wenn ich Hunger habe. Aber Waschmaschine und Trockner? Die könnten doch auch laufen, wenn es für das Stromnetz vorteilhaft ist! Und das mit der Geräuschentwicklung im Schleudergang beispielsweise, das ist doch sicher auch nur eine kleine technische Herausforderung.

*bitte: Weiterdenken…*


## 2.9. Energieträger und Heizen

Wir kennen heute schon Passivhäuser (die praktisch keine Energie von außen benötigen). Es gibt sogar schon

Gebäude, die mehr Energie erzeugen, als sie selbst benötigen! Tolle Sache!

Aber es existiert ein riesiger Bestand an Altbauten. Oder wollen wir irgendwann z. B. das Michelstädter Rathaus wegen mangelnder Wärmedämmung abreisen, in Schutt und Asche legen? Oder noch besser, mit einem Dämmstoff „X" von außen zukleistern?

Wir heizen in den Bestandsbauten, den Altbauten meist mit Heizöl, also Erdöl. Oft auch mit Strom oder Gas. Manchmal auch mit Holz in unterschiedlichster Form. Je nach dem, was regional gerade verfügbar ist.

Aber nicht jeden Altbau, auch nicht jeden Neubau kann man mit Strom beheizen. Dazu bedarf es einer entsprechenden Infrastruktur an Stromleitungen. Diese Leitungen müssen qualifiziert sein (schlicht ausgedrückt: dick genug sein), die erforderlichen Energiemengen vom Erzeuger bis hin vor Ort zu bringen.

Gleiches gilt für die Gasversorgung. Und auch nicht jedes alte Häuschen hat ein Dach, welches für eine Solar- oder Photovoltaikanlage geeignet ist. Die Dachform, die Größe der nutzbaren Dachfläche, die topographische Lage, die Ausrichtung zur Sonne, alle diese Parameter spielen bei der Planung, der Errichtung und dem Betrieb einer solchen Anlage eine wichtige Rolle!

Um jedoch für diese Altbestände an Gebäuden den nötigen Strom für die Elektroheizung ins letzte Dorf zu transportieren, die Gasleitung in den letzten Weiler zu führen, vergehen beim besten Willen Jahrzehnte. Planungsverfahren, Einsprüche, Gerichtsentscheidungen, Revisionen. Zerstörung von Landschaften, Biosphären usw. Die volkswirtschaftlichen Gesamtkosten (incl. Planung, Rechtsprechung, Bau usw.) sind aberwitzig, sind gigantisch!

Nein, es kann auch nicht jeder einen Gastank in den Vorgarten stellen. Der muss doch auch wieder per LKW befüllt werden. Oder kommt das Gas für den Tank mit der

Post oder wird es in der Handtasche mitgebracht? Und die Kiloweise Watt für die Elektroheizung holen wir mit dem Lastenrad als Trockensubstrat aus dem Supermarkt?

Ach ja, das Heizen! Dann heizen wir doch mit Holz, da tun wir doch was Gutes! Wir setzen ja nur das $CO_2$ frei, welches der Baum vorher gespeichert hat. Wenn wir ein gut abgelagertes, trockenes Stück Holz im technisch einwandfreien Ofen verbrennen, ist das richtig gut. Und wenn dann das Holz noch aus der Region kommt, umso besser! Oder wenn irgendein von einem bösen Käferlein befallenes Bäumchen industriell oder handwerklich nicht mehr zu nutzen ist, dann ab damit in den Ofen!

Aber, wir schreien ja nach Pellets! Hat mal irgendeiner nachgedacht, wo diese Dinger herkommen? Auf oder an den Bäumen wachsen sie so nicht. Zumindest bis jetzt nicht! Klar, je homogener ein Brennstoff in seiner Größe (also seinem Energiegehalt) ist, umso besser lässt er sich verwerten. Der Verbrennungsprozess wird gleichmäßiger. Deswegen wird ja die Kohle für das Kraftwerk auch gemahlen, der Altreifen vor der Verbrennung geschreddert (zerkleinert) und ähnliches. Aber es braucht doch erneut Maschinen, Anlagen, Energie, Rohstoffe, um diese Pellets herzustellen. Und das (naturfeuchte) Holz aus dem Wald muss doch erst einmal zu solch einer „Anlage zur Herstellung von Pellets" transportiert werden. Bevor das Holz dann nach der Trocknung und Wandlung in Pellets *) zu uns Verbrauchern kommt. Und wenn der Verbraucher dann 24 Stunden, rund um die Uhr, sein Häuschen beheizen, warmes Wasser gewinnen will, dann muss er kontinuierlich die lieben, kleinen Pellets nachschieben. Das machen die ja nicht von alleine. Demnach benötigt der liebe Verbraucher wieder Lagermöglichkeit und Ausrüstung (= Geräte, Technik usw.), für die man auch einmal eine Ökobilanz über die Lebensdauer erstellen und betrachten könnte….

Lasst uns doch mal überlegen, mal eine Alternative aufzeigen. So als Beispiel für einen ökologisch sinnvollen Kreislauf:

Was wäre, wenn hier im um die Ecke oder im nahen Gersprenztal oder im Mümlingtal, halt in der Umgebung eine Biomasse erzeugt werden würde? Eine Biomasse, die weder Lebensmittel noch Futtermittel ist. Wenn diese Masse dann nach wenigen Kilometern Transport mit dem LKW auf die Bahn verladen und anschließend zu einem dieser umgebauten Kohlekraftwerke gefahren werden könnte? Frankfurt oder Mannheim, als Beispiel meinetwegen. Dort auf diesen Kraftwerksgeländen (da ist ja jetzt Platz, weil keine Kohle mehr lagert) könnte man diese Biomasse verarbeiten und anschließend kommt unter anderem, Bioheizöl aus Frankfurt oder Mannheim über die Bahn und den LKW fertig aufbereitet zurück in unser kleines Dorf. Selbst die Bahn und der LKW mit dem Tank oben drauf fahren mit diesem sauberen Biokraftstoff. Und dieser schöne neue Biokraftstoff aus der Region heizt uns im Winter $CO_2$ neutral die Hütte. Ohne dass wir neue Stromtrassen oder Erdgastrassen oder Erdgastanks in jedem Garten benötigen!

Denn: die Umrüstung einer Ölheizung auf ein aus Biomasse gewonnenes Heizöl ($CO_2$ neutral!) ist ein Klacks, im Vergleich zu zusätzlichen Stromtrassen oder Gasleitungen. Diese Umrüstung ließe sich in wirklich kürzester Zeit realisieren! Geringe Kosten, minimaler Verbrauch von Ressourcen für Umrüstung. Keine Eingriffe in die Landschaft usw. Wir, ja alle Häuslebesitzer (bei denen die gute, alte Ölheizung oder Gasheizung im Keller bollert) könnten damit einen sehr schnellen, dauerhaften, signifikanten und finanzierbaren Beitrag zum Ausstieg aus der Verwendung von Kohle, Erdöl oder Erdgas leisten. Ohne dabei unseren Pleitegeier grinsend am Himmel kreisen zu sehen!

Und noch ein Gedanke: Wenn auf diese Art des Transportes eine derzeit still gelegte Bahntrasse plötzlich wieder wirtschaftlich wird, ist das auch für den öffentlichen Personennahverkehr hochinteressant (wusstet ihr eigentlich, dass unser „Reigelser Liesje", die einstige Bahn im Gersprenztal, in ihrer Gründungszeit mal mit einer Verlängerung an die Oberwaldbahn gedacht war? Und damit plötzlich Pendlerverkehr per Bahn bis nach Heidelberg oder Mannheim möglich gewesen wäre? Gibt`s an anderen Stellen in Deutschland sicherlich ähnlich. Nennt man Synergieeffekte).

Mehr Dämmung, mehr Dämmung! höre ich als alternativen Aufschrei! Aber auch das Dämmmaterial muss doch erst einmal produziert werden. Oder wächst Mineralwolle auf Bäumen? Hat schon einmal irgendeiner, eine Institution oder wer auch immer eine ökologische Gesamtbilanz dafür aufgemacht?

Was benötige ich an Energie, an Rohstoffen, wie belasten wir die Umwelt bei der *Herstellung von Anlagen* zur Produktion von Dämmstoffen? Die gleichen Fragen stellen sich dann bei der Gewinnung und Verarbeitung des Rohmaterials zum Endprodukt „Dämmstoff". Und diese Fragen stellen sich noch einmal, wenn diese Dämmstoffe verbaut werden. Und abermals, wenn die Reststoffe dieser Dämmmaterialien nach der Verarbeitung oder gar am Ende der Lebensdauer (nun nicht mehr sortenrein) irgendwann einmal entsorgt oder bestenfalls wiederverwertet werden sollen. Also alles Fragen rund um Erzeugung, Transport, Verarbeitung, Lebensdauer, Entsorgung usw.? Steinwolle, Mineralwolle verbrauchen Unmengen an Energie alleine bei der Herstellung. Styropor benötigt obendrauf noch große Mengen an Wasser! Wie sieht hier die ökologische Gesamtbilanz aus?

Schafwolle ist eine gute Möglichkeit zum Dämmen, aber nicht immer eine Alternative oder hinreichend verfügbar. Bauen, umbauen, renovieren mit Holz und Holzwerkstoffen ist sicherlich sehr sinnvoll, aber technisch nicht immer möglich. Und die Märkte zeigen in aller Deutlichkeit die Endlichkeit der verfügbaren Mengen auf! Oder sind die deftigen Preisanstiege für Baumaterialien anno 2021 an euch vorbei gegangen?

Korkeichen wachsen z.B. im Süden Europas, aber nicht im Baumarkt! Wer wollte denn beispielsweise den Keller oder die Bodenplatte seines Hauses aus Holz bauen? Venedig oder die Pfahlbauten am Bodensee sind da auch nicht immer als Vorlage geeignet. Also können wir nicht alles unendlich gut dämmen. Bei dieser gesamten Dämmerei wird nur der Energieverbrauch des Gebäudes während seiner Nutzung betrachtet, als Maßstab genommen. Dabei müssten wir doch eigentlich ein Wohngebäude über seine Lebensdauer ökologisch mal als Ganzes betrachten. Als ein Konvolut an Stoff- und Energieverbrauch bei der Erstellung, dem Betrieb und der Entsorgung und/oder Verwertung am Ende der Lebensdauer! Denn die Lebensdauer eines gut gemachten Gebäudes kann, ja sie sollte im Interesse der Nachhaltigkeit schließlich mehrere hundert Jahre betragen.

Da würden nach meiner Einschätzung Häuser aus massivem Holz, Blockhäuser oder auch Fachwerkhäuser, plötzlich in einem völlig anderen Licht erscheinen! Die halten bei guter Pflege mehrere hundert Jahre. Kann mir bitte mal jemand einen Langzeitnachweis über hundert Jahre Lebensdauer (oder mehr) für einen beliebigen, modernen, industriell gefertigten Wandbaustoff oder Dämmstoff zeigen?

Es braucht halt eine weiter gedachte, vernünftige gesetzliche Regelung. Gewinnungsort des Rohmaterials (der Pflanze, des nachwachsenden Rohstoffes) nicht weiter als einhundert Kilometer vom Verarbeitungsort entfernt. Bei Bahntransport gerne auch ein paar wenige Kilometer mehr. Verarbeitung verstanden als einen Prozess, der aus der Pflanze das fertige Produkt gewinnt und nicht nur ein finales Schildchen irgendwo und irgendwie drauf druckt (egal wo das Zeug ursächlich herkommt und wie weit es um den Globus transportiert wurde)!

Keine Konkurrenz zu Lebensmitteln oder Tiernahrung, bitte. Keine Gentechnik bitte, denn deren Zuverlässigkeit, am Feldrand inne zu halten, lässt doch sehr, sehr zu wünschen übrig. Eine maximale Entfernung vom Ort der Verarbeitung bis zum Endverbraucher, na ja, auch wieder einhundert Kilometer (oder so ähnlich). Ach ja, das aktuelle EG-Recht müsste man im Interesse der Nachhaltigkeit, unseres

Planeten, uns lieben Menschlein einfach mal sinnvoll
anpassen.

Es gibt weitere Beispiele. Im Internet finden wir unter dem
Stichwort „Dachs Heizung " eine super Geschichte *). Seit
Jahren schon erzeugen diese, nennen wir sie
Miniblockheizkraftwerke, durch einen kleinen
Verbrennungsmotor Strom und die dabei anfallenden
Abwärme wird konsequent genutzt. Super für Krankenhäuser,
Pflegeheime, Gewächshäuser, vielleicht sogar ganze
Straßenzüge.

Wenn man diese Anlagen jetzt noch mit den oben
beschriebenen, nachwachsenden Rohstoffen aus der Region
betreiben könnte, wäre das nicht klasse?

*bitte: Weiterdenken…*

## 2.10. Energietransporttrassen

Völlig verständlich, Energie muss vom Ort der Gewinnung
zum Verbraucher transportiert werden. Schließlich können wir
uns (noch) nicht vom freundlichen Paketdienst die paar Kilo
Watt in trockener Form schicken lassen! Und wir können
auch nicht ein paar Kilo „Watt" persönlich von der Küste
holen und als Trockensubstrat in ein Elektroauto zur
Weiterfahrt einfüllen…

Demnach müssen wir diese Energie, in Form von Strom oder
Gas, (egal aus welcher Quelle diese Energieträger kommen)
über Kabel oder Rohrleitungen zu uns Verbrauchern führen.
Wir wären ja nicht Deutschland, würden wir die daraus
resultierenden Erfordernisse nicht erst mal gründlich in den
Mühlen der Bürokratie zu Pulver mahlen.

Also gibt es ellenlange Bauplanungen,
Planfeststellungsverfahren (und sonstige Bürokratiemonster),
Bürgerproteste, ellenlange Gerichtsverfahren. Und meine
Aufzählung erhebt keinen Anspruch auf Vollständigkeit!

Rational wären doch die elementaren Fragen:

- was haben wir

- was wollen wir

- was brauchen wir.

Aber das wäre wohl zu einfach. Wenn schon Energietrassen, dann bitte komplett neu! Dann zerschneiden wir halt im „Sinne des großen, Ganzen" unsere Landschaften, unsere Wälder, vielleicht sogar Biotope. Ganze Ortschaften sehen sich gefährdet. Damit der Strom (und auch das Gas) von Nord nach Süd, von Ost nach West und umgekehrt fließen und strömen kann, wird Deutschland umgegraben. Es wird geplant auf Teufel komm raus, ich sehe vor meinem inneren Auge die Papierberge Richtung Himmel wachsen! Ist das denn nötigt? Wirklich nötig?

Ein Kernproblem bei der Trassenplanung ist die Auslastung der Energieerzeuger. Wenn morgens um acht die Stechuhr klickt, dann fahren in den Fabriken die Maschinen hoch, der Energiebedarf steigt. Wenn um neun Uhr bundesweit die Waschmaschinen und Wäschetrockner anlaufen, dann steigt der Energiebedarf. Und wenn um zwölf Uhr mittags die Küchenherde glühen, dann steigt der Energiebedarf. Spitzenlast nennt man so etwas. Und dafür müssen unsere Energieerzeuger (also Kraftwerke) und Energietrassen (also Strom- und Gasleitungen) gerüstet sein. Ich kann halt mit einem Gartenschlauch einen Eimer Wasser zügig füllen, soll es eine Badewanne voll in der gleichen Zeit sein, braucht es halt eine andere Schlauchdimension (nur mal so zum einfachen Verständnis bezüglich Leitungsquerschnitte und Stromkabel oder auch Gasleitungen).

Ergo könnte man mal darüber nachdenken, das Thema Spitzenlast zu entzerren. Das geht sicherlich weder beim Friseur oder beim Dachdecker und schon gar nicht im Krankenhaus. Also bitte mehr Flexibilität bei den Arbeitszeitmodellen.  Oder dort, wo die körperliche Arbeit in automatisierten Prozessen oder durch den Einsatz von

Robotern sowieso weniger wird, da sollte man mal
weiterdenken. Zumal eine kleine Produktionslinie, die rund
um die Uhr läuft, ökologisch sicher sinnvoller (und
wirtschaftlicher ist) als eine große Produktionslinie, die nur
ein paar Stunden am Tag läuft.

Und wir Endverbraucher? Klar, den Küchenherd brauche ich
um die Mittagszeit. Aber die Waschmaschine oder den
Wäschetrockner? Die können doch auch dann laufen, wenn
mir der intelligente Stromzähler sagt „jetzt ist gerade
überzähliger, günstiger Strom vorhanden". Noch besser
natürlich, wenn dieses „weitersagen" von einem intelligenten
Gerät an oder in meinem nur wenige Jahre jungen
Haushaltsgerät sich selbst erledigt. Dann läuft halt die
Waschmaschine von Mitternacht bis drei Uhr morgens, es
dient ja dem Wohl des Ganzen! Und der Lärm, die
Geräusche, die Erschütterungen? Das Knubbeln der edlen
Bluse, wenn sie zu lange feucht in der Maschine liegt? Das
sind in meinen Augen nur Aufgaben, die es technisch zu
lösen gilt. Wie war das mit der Mondlandung, wie lange ist
das schon her?

Und natürlich müssen wir Bürger achtsam sein, dass man
uns auf diesem Weg kein faules Ei ins Nest legt. Also das die
intelligente Stromsteuerung nicht dazu dient, uns den Strom
nach Belieben der Oberen abzuschalten oder gar die gute
Speicherbatterie (die wir dank Photovoltaik im Keller haben)
leer zu saugen. Diese Bedenken gelten dann erst recht, wenn
über die tolle Wallbox *), dass Autochen des Nachts geladen
werden soll. Man stelle sich mal vor, statt Ladestrom wird auf
Weisung von oben in der Nacht das Autochen entladen...

Und wenn man dann auch noch die Energieerzeugung ein
bisschen „dezentralisiert" denkt? Viele Venturi -
Windkraftanlagen auf den Hochhäusern der Stadt, viele
Wasserkraftwerke nach dem Prinzip der Flussmühlen?
Wirtschaftlich, logistisch zu größeren Einheiten
zusammengefasst. Oder benötigt jedes kleine, regionale oder
kommunale Blockheizkraft wirklich einen Geschäftsführer mit
administrativem Anhang?

Mehr Augenmerk für regional nachwachsende und regional verarbeitet Rohstoffe zur Energiegewinnung! Dann müssten die erforderlichen Trassen für den Energietransfer durch Strom und Gas doch auch andere, kleinere, wirtschaftlichere Dimensionen annehmen? Wasserstoff als Energieträger ist da von besonderem Reiz. Man kann ihn in Zeiten geringen Stromverbrauchs günstig produzieren. Man kann ihn ins Erdgasnetz einspeichern oder auch an anderen Stellen lagern. Man kann damit Busse und Bahnen, sogar Schiffe betreiben. Klar ist diese Technik nicht ohne Risiken. Irgendwann wird es auch mit Wasserstoff den berühmten Knall geben. Weil der böse Speichertank nicht wusste, dass er nicht rosten darf. Weil irgendein „hochqualifizierter Mitarbeiter" (der gestern seinen Schnellkurs via Handy absolviert hat) am Ventil in die falsche Richtung gedreht hat usw.

*bitte: Weiterdenken…*

Dann fällt uns beim Weiterdenken auf, unser Staat besitzt ja bereits eine Vielzahl von Trassen! Ja, Hoppla! Über diese Möglichkeiten sollten wir mal nachdenken, mal diskutieren. Warum will keiner diese Möglichkeiten sehen? Verdammt noch mal, kann man diese Schätze nicht multipel (also mehrfach) nutzen?

Schauen wir uns doch die Landkarten mal an, ein Netz von Autobahnen und Straßen durchzieht unser Land! Autobahnen z.B. mit Mittelstreifen, Standspuren usw. Und sie gehören nahezu alle dem Staat. Warum also nicht das Stromkabel oder auch die Gasleitung unter die Standspur oder die Mittelspur oder die Fahrbahn verlegen? Wenn dem Staat doch die Autobahn samt Gelände gehört, dann ist es doch nur ein Federstrich, bis die erforderlichen Genehmigungen erteilt sind!

Die Streckenlänge des Netzes wird größer? Möglicherweise, vielleicht sogar in vielen Fällen. Wenn wir aber eine Gegenrechnung aufmachen: weniger Verbrauch an Landschaft, keine Beeinträchtigungen von Ortschaften,

Schonung von Biotopen. Keine ewig währenden Planungsprozesse oder Gerichtsverfahren! Das alles verbraucht doch auch Unsummen an Geld und Zeit, Ressourcen. Und wir hätten, ja – wenn ich mir die Wetterentwicklung ansehe, wir brauchen doch dringend die Chance auf eine wesentlich schnellere Umsetzung!

Wenn wir weiterdenken, dann gib es viele positive Nebeneffekte. Synergien! Autobahnen enden oft am Rande der Stadt oder durchziehen sie sogar. Tangieren Städte an ihrer Peripherie. Und an der Peripherie der Städte liegen (meist) auch die zugehörigen Kraftwerke.

Egal, ob es sich um Müllverbrennungsanlagen, Kohle- oder Gaskraftwerke handelt. Und jedes dieser Kraftwerke besitzt jeweils eine Infrastruktur, um den erzeugten Strom (oder auch die Wärme oder beides) in der Fläche zu verteilen!

Käme also jetzt der Strom, der Wasserstoff aus dem Gezeitenkraftwerk, dem Strömungskraftwerke, aus der Windenergieanlage von Norden oder Süden am Stadtrand unter der Autobahn an, dann wäre er doch auf kürzestem Weg über die vorhandene Infrastruktur des (oder der) Kraftwerke in die Fläche zu verteilen? Das sollte dann doch wiederum Kosten senken (man könnte auch sagen: Steuern sparen). Der Griff in die berühmte Tasche des Bürgers würde nicht ganz so heftig ausfallen. Von der Zeitersparnis gar nicht zu reden!

Sehen wir uns das Netz der Flüsse an. Wer ist Eigner der Flussläufe? Herr und Frau XY? Firma „Z"? Zumeist ist doch der Staat, das Land, sind die Kommunen der Eigner dieser Flächen!

Wäre es nicht möglich, mit minimalen Eingriffen im Boden des Flusslaufes ein Stromkabel zu verlegen? Bitte tief genug, damit evtl. entstehende magnetische Felder Fauna und Flora des Flusses nicht schädigen oder beeinträchtigen. Halt eben auch in entsprechender Kabelqualität. Denn: an den Flussläufen liegen oft auch die Kraftwerke der Städte.

Kraftwerke mit ihrer vorhandenen Infrastruktur. Und der Rest: siehe oben.

Und genauso könnte man über die vorhanden (und auch die still gelegten) Bahntrassen nachdenken. Oder kann man Oberleitungen nicht multipel nutzen?

Ich weiß es nicht. Man müsste darüber mal – nachdenken.

*bitte: Weiterdenken…*

# 3. MOBILITÄT

## 3.1. Elektromobilität

Es gibt ja nicht „DAS" Elektrofahrzeug! So, wie wir heute schon Mobilität in einer irren Vielzahl von Varianten erleben. Diese reichen vom Kinderdreirad bis zum hochspezialisierten Schwerlasttransporter. Es wird diese Vielzahl an Varianten auch zukünftig geben. Von Bus, Bahn, Flugzeug und Schiffen, Lufttaxen, Drohnen, Schwebebahnen, Luftschiffen usw. ganz zu schweigen.

Somit sollten wir versuchen, diese Varianten nicht nur vor dem Hintergrund ihrer Verwendung zu betrachten. Nicht alles, was im ersten Augenblick toll, ja fantastisch aussieht, genügt den Ansprüchen der Nachhaltigkeit, der wirklichen Schonung der Ressourcen.

Was wäre also, wenn wir uns nicht blind auf das Thema Elektromobilität als allein selig machende Lösung stürzen würden? So, als wäre das der einzig mögliche Weg, das Klima zu retten. Sondern sorgfältig abwägen. Andere Sichtweisen nicht ausschließen. Folgen betrachten, Synergien bedenken und

*bitte: Weiterdenken...*

Batterien sind ein schwieriges Thema. Die Art der Rohstoffgewinnung, die Frage der Verfügbarkeit dieser Rohstoffe irgendwo auf dem Globus. Denken wir nur mal weiter an die seltenen Erden, wie oft klingt im Hintergrund das Thema Kinderarbeit oder Umweltverschmutzung an. Diese seltenen Erden wachsen doch nicht sortenrein auf den Bäumen! Sie liegen irgendwo tief in der Erde. Daher müssen diese seltenen Erden ja auch erst einmal gewonnen werden. Dazu wiederum braucht es Gewinnungsanlagen, Logistik, Aufbereitung, Entsorgung der bei der Herstellung entstehenden Abfälle. Das geht aber nicht mit Eimerchen und Schippchen. Sondern mit großtechnischen Anlagen. Diese Anlagen wiederum müssen geplant, gebaut und betrieben, ja, auch die müssen irgendwann entsorgt werden! Sind diese ganzen Prozesse bitte wirklich nachhaltig und umweltverträglich? Und bitteschön: woher kommt den die Energie für alle diese Verfahren und Prozesse? Etwa aus der Steckdose? Oder braucht es dazu nicht vielmehr wieder ein neues Kraftwerk im Gewinnungsland dieser seltenen Erden? Und wie sieht der Energieträger für dieses (oder die vielen „diese") Kraftwerke aus? Ist das nicht oft wiederum ein fossiler Energieträger wie Kohle? Und dann wird der Energieträger Kohle möglichst noch um den halben Globus geschippert? Weil es im Gewinnungsland der seltenen Erden nicht genug davon gibt? Oder weil er inclusive Transport von irgendwo billiger herkommt! Das ungelöste Problem, nein, nicht nur das Problem der Entsorgung. Das Problem der möglichst vollständigen Wiederverwertung! Hat denn schon irgendeiner dieser „Elektromobilität um jeden Preis – Schreihälse" diese ganze Kette der Produktion und Nutzung der seltenen Erden (oder der übrigen Batteriebestandteile) in seiner Gänze betrachtet??? Da habe ich doch erhebliche Zweifel! Wenn schon mit Elektrik, mit Batterietechnik, dann bitte anders, besser bitte! Auch hier wäre es ratsam, mal unter dem Begriff „Cradle to Cradle" *) nach zu schlagen.

*bitte: Weiterdenken…*

Aber es gibt Hoffnung! Weltweit wird an neuen Batteriesystemen geforscht. Wer mag, kann mal unter dem Stichwort „Blei Carbon Batterie" *) oder „Die Karosserie als Energiespeicher" *) im Netz stöbern. Klingt teilweise ziemlich nach Utopia. Aber als Jules Verne 1865 *) die Reise zum Mond beschrieb, war das genauso.  Und ohne Fantasie, das Verlassen von Grenzen des „Althergebrachten" beim Denken, gibt es keine Innovation, keine Weiterentwicklung!

Heute baut jeder Fahrzeughersteller die Batterien in sein Produkt ein, so wie er gerade lustig ist. Was passiert, wenn an dem schönen, neuen E-Mobil in ein paar Jahren mal eine oder mehrere Batteriezellen versagen? Muss ich das geliebte Vehikel dann entsorgen, ist die Reparatur dann noch wirtschaftlich, kann ich mir das leisten oder muss ich das Ganze gleich verschrotten, am besten natürlich gegen eine saftige Gebühr! Das kennen wir „Normalbürger" doch! Wenn wir mit unserem betagten Alltagsgefährt vom freundlichen Schrauber die Geschichte vom - vielleicht - defekten Steuergerät hören, für das es keinen Ersatz mehr gibt usw.

Überlegen wir doch einmal:

Jeder von uns hat schon einmal eine Taschenlampe, eine Fernbedienung usw. benutzt. Man betrachtet das Gerät, die eingelegten Batterien. Geht in den nächsten Laden. Kauft dann ein paar Batterien des Typs „XY" oder ähnlich. Und dieser Batterietyp passt in die Taschenlampe, die Fernbedienung, selbst in das Spielzeug der Enkelkinder. Und billig sind die Dinger auch, weil sie eben standardisiert sind. Und diese Standardisierung ist ja auch ein wesentlicher Baustein bei z.B. einer automatischen Aufbereitung, Wiederverwertung oder ähnlichem.

Wäre es da nicht sinnvoll, als allerersten Schritt, gelernt aus den Fehlern der Vergangenheit, auch für die Elektromobilität über standardisierte Batterien (Module) für die Elektromobilität nachzudenken? Von Regierungsseite, egal ob auf Bundes- oder Europaebene, im Konsens mit den Automobilherstellern, zuallererst einmal einen Standard für Batteriemodule festzulegen? Beispielsweise ein Modul fürs E-Bike, zwei fürs Lastenfahrrad, die Menge „n" für das Elektroauto, den Elektrobus oder LKW usw.  Heute kocht doch jeder Elektroauto- oder Hybridhersteller sein eigenes Batteriesüppchen.

Oder was ist, wenn viele gleichzeitig zum Fußballspiel fahren. Beispielsweise. Und alle wollen gleichzeitig die Batterien ihrer Elektroautos aufladen, um nach dem Spiel, auch wenn sie im Stau stehen, wenn es regnet, draußen kalt ist (also, wenn viele Verbraucher an den Batterien zehren) nach Hause wollen? Und dann alle pünktlich nach Feierabend, während das Bierchen auf der Couch schmeckt (oder der Gemüsesaft), wiederum gleichzeitig ihr Vehikel aufladen wollen oder müssen? Da haben wir doch erneut das Thema „Spitzenlast" für unsere Energieversorgung, mit allen Konsequenzen!

Wäre es nicht sinnvoller, unser Staat oder besser noch die EU würden mit den Fahrzeugherstellern einen einheitlichen Standard für Batteriemodule konzipieren (aber bitte in Kürze, nicht irgendwann in Jahrzehnten). Hätte der Staat, die Regierung, auch die Europäische Union, nicht erst mal Standards, Rahmenbedingungen setzen müssen? Das Thema E-Mobilität ist doch so alt wie das Auto selbst!

Also Standards für Batterie-Module, die (ungeachtet der dahinterstehenden Batterietechnik) kostengünstig herzustellen sind, weil durch die Standardisierung große Stückzahlen möglich werden. Weil dadurch vielleicht auch wieder eine wirtschaftliche Fertigung in Europa sinnvoller wird. Weil dadurch auch der Austausch, das Recycling, die stoffliche Wiederverwertung einfacher und kostengünstiger und effizienter werden können.

Weil dadurch der Preis des Energieträgers (der Batterie) vom Fahrzeug entkoppelt wird. Und damit auch die Kosten für das Aufladen, die Reparatur, den Austausch defekter Zellen vom Fahrzeugpreis entkoppelt werden. Denn der Nutzer zahlt dann mit dem Preis eines Tauschmoduls beim „elektrischen Tanken" alle diese Kosten in einem angemessenen Rahmen, also anteilig, mit. So wie wir ja heute auch mit jedem Liter Benzin einen klitzekleinen Anteil des Benzinpreises die Bohrinsel, das Tankschiff für Erdöl, die Betriebskosten der Tankstelle usw. mitfinanzieren.

Das Auto mit Verbrennungsmotor hat sehr viel bewegliche, oft mit höchster Präzision zu fertigenden Teilen. Das Elektroauto hat davon sehr, sehr viel weniger (darum ja auch das Geschrei der Automobilindustrie wegen der Arbeitsplätze). Also ist das Elektroauto doch auch für die längere, nachhaltigere Nutzung prädestiniert! Dann macht es doch Sinn, die (verschleißanfällige, alternde Batterie) austauschbar einzubauen!

Und wenn wir die Kosten des Energieträgers, der Batterie vom eigentlichen Elektro-Auto entkoppeln, dann wird es ja auch für größere Bevölkerungskreise erschwinglicher! Wir erzielen eine schnellere Marktveränderung!

Ein praktisches Beispiel: weil die Zuschauer des Fußballspiels vor / nach dem Spiel den Satz von Batteriemodulen ihres Fahrzeuges in einer standardisierten Wechselstation ausgetauscht bekommen. Batterietausch leer gegen voll, so einfach wie eine Autowäsche. Solche Wechselstationen zu entwickeln und zu bauen, für den Maschinenbau in unserem Land ein Leichtes. Und das Tolle daran, die ausgetauschten Batterien müssen nicht in der Zeit des Fußballspiels geladen werden, dafür steht dann die Zeit bis morgen (oder noch länger) zur Verfügung. Damit minimiert sich dann wiederum für unsere Energieversorger das Thema „Spitzenlast".

Betrachten wir doch mal kurz das Thema „Ladestation vor der eigenen Haustür", auf neudeutsch "Wallbox". Leben in einer Gemeinde wie Kleinkleckersdorf eintausend Haushalte, dann wollen die ja auch alle ihre „Wallbox" vor` m eigenen Häuschen haben. Macht dann eintausend Stück! Eintausend mal Ressourcen verbraucht! Und diese Wallboxen sollen, wollen mit Strom versorgt werden. Der Strom, der vom Kraftwerk zur Wallbox fließt, das ist ein System, ähnlich einem Baum. Da gibt es das Wurzelwerk, das ist das Kraftwerk. Die dicken Wurzeln, das sind in diesem Bild die Generatoren, die von Turbinen (per Wasserkraft oder durch Dampf z.B.) angetrieben werden. Dann kommen die mittleren Wurzeln, das sind die großen Windkraftanlagen beispielsweise. Und das feine Wurzelwerk das sind die vielen kleinen Solaranlagen, die auch noch irgendwie etwas in das Netz einspeisen. Dann ist da der Stamm, der bringt den Lebenssaft über das Astwerk zu den Blättern, das sind wir Verbraucher. Da gibt es die Krone mit ihren dicken Ästen, dem feinen Astwerk usw. Je nachdem, wie groß der Verbrauch auf diesem Ast ist, ist er auch mehr oder weniger dick oder verzweigt. Jeder von uns weiß doch, will der Baum mehr Blätter (mehr Verbraucher versorgen), dann muss er wachsen. Die Wurzel wird größer, der Stamm wird dicker, die Krone breitet sich aus. Im Prinzip ist das weder beim Strom noch beim Gasnetz anders. Wenn ich mehr oder größere (oder sogar mehr *und* größere Verbraucher habe), dann muss das Strom- oder Gasnetz wachsen, und zwar: *gewaltig wachsen!*

Aber wir müssten doch nicht eine unendliche Vielzahl an Ladestationen vor jeder Haustür installieren. Die Ladestationen für schnell auswechselbare Batterien könnten die beschriebenen Elektrotankstellen sein. Die haben doch heute schon durchweg einen Kraftstromanschluss, ganz anders, als dies in vielen Haushalten der Fall ist. Heute versorgt eine Tankstelle doch auch einige Hundert, wenn nicht gar, tausendende Verbraucher!  Sehen wir auf die Tankuhr, der Zeiger zeigt auf Rot, dann fahren wir an die nächste Tanke! Schon zu Zeiten der Postkutsche wurden die Pferde (die Energieträger der damaligen Zeit) an den Haltestationen ausgewechselt!

Beim Thema „Wallbox" fällt mir aber noch etwas ein. Diese leistungsstarken Stromanschlüsse sollen ja möglichst mit der Photovoltaik auf dem Dach (z.B.) und der zugehörigen Batterie im Keller (falls vorhanden) oder wo auch immer im oder beim Haus, intelligent (=smart) verknüpft werden. Weil wir, die lieben Bürger, dann in Zeiten von Spitzenverbrauch im Stromnetz die Kraftwerke entlasten könnten. Macht schon Sinn, wenn das liebe Autochen sowieso nur vor der Haustür oder dem Büro parkt. Bedeutet, der schöne Strom fließt rückwärts in Richtung Kraftwerk. Was aber, wenn des Nachts, ob aus Versehen, ob mit Bedauern oder Absicht, der schöne gespeichert Strom *rückwärts* abgegriffen wird? Wenn am nächsten Morgen keine Glühbirne funzelt, das Handy, das Auto, die Batterie im Keller entladen sind? Keine Fahrt zur Oma, ins Büro, zur Demo - Upps! Ist da jetzt die Phantasie mit mir durchgegangen? Ganz Schlaue wissen, dagegen kann man Vorkehrungen treffen. Aber: nicht jeder ist ein Elektroingenieur!

Ja, und wir bauen in der schönen, neuen Technik den Energiespeicher fest in die Fahrzeuge ein, ohne uns über Reparatur und ähnliches auch nur im Entferntesten

Gedanken zu machen! Und am besten, wir buddeln alle Straßen dieser Republik auf, damit an jeder Haustür eine hinreichend leistungsfähige „Wall Box" installiert werden kann! Herzlichen Dank dafür.

Es gibt allerdings ein kaum zu schlagendes Argument für fest ins Fahrzeug eingebaute Batterien! Einbauen tut die ja der Fahrzeughersteller. Jetzt ratet mal, wer im Falle eines Batterieschadens dann reparieren kann? Der freundliche, preiswerte Schrauber von nebenan? Sicher nicht!

Hier muss ich ein bemerkenswertes „PS" einfügen. Heute, am 01. August 2021 kam die Nachricht einer guten Freundin (vielen Dank dafür). Sie hat im Netz entdeckt, das wohl schon zu Beginn dieses neuen Jahrtausends Versuche in dieser Richtung in Europa unternommen wurden. In Europa hat man die Entwicklung wohl aus Kostengründen aufgegeben. Und in China werden erste Stationen unter dem Firmennamen „NIO" *) derzeit gebaut! Ich selbst habe den eingangs erwähnten Leserbrief Ende 1979 geschrieben und mich seit diesem Zeitpunkt inhaltlich immer wieder mit dem Thema "schneller Batteriewechsel" auseinandergesetzt. Für ein Patent hat das Geld leider nie gereicht. Aber: dass, was ich hier beschreibe und meine, ist dem technischen Stand dessen, was man in China derzeit produziert und erprobt, um mindestens zwei, wenn nicht gar drei Entwicklungsschritte voraus. Soweit hatte ich schon Anfang der achtziger Jahre gedacht, das Thema ist so (wie derzeit in China praktiziert) aus meiner Sicht gut, aber noch nicht zu Ende gedacht!

Es sind also nicht nur die großen Hochleistungstrassen von Nord nach Süd, von Ost nach West! Es ist das gesamte Netzwerk von Energietrassen, von Energietransport und Verteilung, über das wir sorgfältig nachdenken sollten. Denn der Energiebedarf steigt stetig! Wenn wir einen Film streamen, es frisst Energie. Wenn wir irgendwelche Batterien laden, das frisst Energie. Wenn wir alle im Office oder der Schule am PC arbeiten, das frisst ebenso Energie. Denn die ganzen Datenströme, ja auch die smarten, mittels derer der Rasenroboter durch den Garten eiert, wir die Türklingel von

der Ferieninsel aus überwachen, das alles sind
Datenmengen, für die es riesige Server braucht. Und die
fressen Energie! Nebenbei: die erzeugen auch jede Menge
Abwärme (das hat die Physik auf diesem Planeten so an
sich). Vielleicht müssen wir zukünftig ja mal nachdenken, ob
so eine Serverstation nicht am besten neben einer Klinik
aufgehoben wäre. Denn die Klinik braucht den ganzen Tag,
an dreihundertfünfundsechzig Tagen im Jahr Wärme. Für`s
Waschen, Kochen, Heizen usw. Synergieeffekte nutzen
nennt man das. Kennt man ja teilweise schon. Und die
Beispiele ließe sich sicherlich noch weit, weit fortführen.

Wenn wir also vorhandene Wege multipel nutzen,
Verbrauchsspitzen reduzieren, Verbrauch intelligent steuern,
Synergien konsequent nutzen usw. dann sollte es doch
gelingen, mit etwas weniger aus zu kommen. Weniger
wiederum bedeutet Ressourcen zu sparen, Kosten zu
senken. Vielleicht auch, die gesetzten Ziele schneller zu
erreichen. Dem Planeten etwas Gutes zu tun. Wer hier
weiterdenken möchte, kann im Netz mal nachsehen:
Weltverbrauch oder „Earth Overshoot Day 2021“. Seit Jahren
wandert dieser Termin im Kalender im weiter nach vorn. Es
ist der Tag, ab dem wir mehr verbrauchen, als im Rest des
Jahres auf diesem Globus nachwachsen kann. Ab diesem
Tag machen wir Jahrein, Jahraus Schulden zu Lasten
unserer Kinder und Enkel bei Mutter Erde!

Das geht doch auch anders, das geht doch auch besser.

*bitte: Weiterdenken...*


### 3.2. Transporte

Im gesamten Transportsektor sollten wir hier vielleicht mal
unser persönliches Konsumverhalten in die Waagschale
werfen. Frisch gepflückte Rosen aus Afrika könnten manche
schönen Augen heller leuchten lassen. Aber die Rosen
werden eingeflogen. Brauchen wir das wirklich?

Müssen die geliebten Kiwi Früchte aus Neuseeland kommen, wenn sie in Spanien oder Italien genauso schmackhaft reifen?

Ein anderes Beispiel: hier im Odenwald hatten wir in der Frühzeit des vergangenen Jahrhunderts (und auch davor schon) eine blühende Steinindustrie. Mit vielen, vielen regionalen Arbeitsplätzen vor Ort.

Und heute?  Heute kommen beispielsweise Pflastersteine und Grabsteine zumeist irgendwo von der anderen Seite unserer Weltkugel. Typisch sind hier Indien und China als Lieferländer. Hat schon mal irgendjemand den ökologischen Fußabdruck dieser Produkte betrachtet? Macht diese Art der Globalisierung wirklich Sinn? Und hat uns die aktuelle Corona Pandemie die Nachteile dieser Art der Globalisierung nicht sehr deutlich gemacht?

Steine sind kein nachwachsender Rohstoff im klassischen Sinn. Sie brauchen Jahrmillionen bis zur Entstehung. Jeder Abbau ist auch irgendwie ein nicht wieder gut zu machender Raub an der Natur.  Dessen sollten wir uns bewusst werden, bei jedem Steinchen aus der Natur, welches wir in die Hand nehmen.

Jedes Haus, jeder Gehweg, jede Asphaltstraßendecke, jedes bisschen Putz an und in unseren Häusern braucht als Rohstoff Kies und Sand. Und Sand und Kies, die sind ja nichts anderes als zu Pulver gemahlene, Steine. Auch im Asphalt und im Zement sind erhebliche Anteile gemahlener Natursteine! Ob von der Natur in Jahrmillionen aus großen Stein und Felsen klein gerieben oder in kürzester Zeit in einem umfangreichen Maschinenpark pulverisiert.

Und dieses Mahlen von Felsen zu kleinen und kleinsten Steinchen oder gar zu Pulver ist ein sehr energieaufwändiger Prozess! Selbst in der leckeren Zahnpasta ist oftmals feinst zermahlener Kalkstein drin! Daher sollten wir doch bitte mit dem vorhandenen sparsam und nachhaltig umgehen. Und kurze Transportwege wählen, unserer Umwelt zuliebe.

Ein Beispiel: wenn der Grabstein keine eingeschliffene Schrift hat, sondern nur noch eine geprägte Metallplakette trägt, dann kann ich ihn doch nach zwanzig oder dreißig Jahren Grabruhe doch wiederverwerten, oder wäre das verwerflich, unethisch?

Oder betrachten wir die Produktion landwirtschaftlicher Güter. Wir sind ein Land mit einer vielfältigen Topographie. Flache Ebenen im Norden, Mittelgebirge in der Mitte und im Süden Deutschlands.

Früher hatte jede Region ihr typisches Vieh, egal ob Ochse, Kuh, Schaf, Pferd oder Ziege. Selbst die Hunde waren oft von der Region und den daraus erwachsenen Aufgaben geprägt. Kühe im Schwarzwald hatten andere, über Jahrhunderte angezüchtete Rassemerkmale als ihre Artgenossen auf den Inseln oder Halligen. Sie waren halt angepasst an das Klima, die Topographie, das Nahrungsangebot der Wiesen und Wälder.

Heute haben wir möglichst die Turbo-Einheitskuh, die zu vielen, wenn nicht gar den meisten landwirtschaftlichen Betrieben nicht so richtig passt. Zumindest nicht zu den kleinen oder mittelständischen Betrieben. Ob das wirklich so richtig ist?

Die Europäische Union hat, Gott sei Dank, zu mehr als fünfundsiebzig Jahren Frieden auf unserem Kontinent wesentlich beigetragen. Frieden ist ein Gut, welches die höchste Wertschätzung verdient!

Frieden kann man nicht hoch genug einschätzen, den muss man tagein, tagaus loben und preisen!

Aber sie, die Europäische Union, hat uns auch den Glauben an die permanente Verfügbarkeit von Allem und Jedem und diesen Gigantismus in der Landwirtschaft beschert.

Über Themen wie faire, artgerechte Behandlung dieser Kreaturen, unserer (Nutz-) Tiere könnte man alleine mehr als ein Buch schreiben.

Auch hier gilt daher

*bitte: Weiterdenken…*

### 3.3.  Fahrräder

Eigentlich ist das Fahrrad ein Vehikel, mit dem der Mensch mit der Kraft seiner Beine effektiver als zu Fuß vorwärtskommen sollte. Das hat sich der alte Drais, der Erfinder des Laufrades, so gedacht. *) Ist aber nicht so einfach. Vor allem, Bergauf nicht. Mittelgebirge und so!

Also haben wir Elektroroller, Elektrofahrräder, Pedelecs (was für ein Schwurbelbegriff), Mofas (eigentlich *Motor-Fahrräder*), Mopeds (eigentlich motorisierte Zweiräder mit *Pedal*-Starter) und sonstige Abarten und Varianten.

Auch bei diesen Fahrzeuggattungen scheinen mir standardisierte Batteriemodule, so wie schon beschrieben, sinnvoll. Weil der Radler bei seinem Fahrradhändler oder an der E-Tankstelle(!) ein Batteriemodul einfach und kostengünstig tauschen kann, die Lebensdauer des E-Bikes damit steigt. Das Gefährt wird nachhaltiger, wirtschaftlicher, es hinterlässt einen besseren ökologischen Fußabdruck.

Ein Fahrrad war in vielen Zeiten, für viele Menschen neben einem Handwagen oder der Schubkarre das einzige Transportmittel. Einfach aufgebaut, war das Rädchen kostengünstig, mit geringem Aufwand zu reparieren. Es war langlebig. Wenn die Muskelkraft im einzigen, vorhandenen Gang nicht reichte, wurde geschoben. Ging auch. Im Sinne der Nachhaltigkeit sollten, ja dürfen diese Grundwerte nicht verloren gehen. Auch ein Mountainbike (beispielsweise), eindeutig mehr der Fahrfreude zugeordnet, kann langlebig sein. Wenn es am Berg den Nutzer elektrisch unterstützt, oder wenn ältere Menschen mit der elektrischen Unterstützung in der Stadt oder im urbanen Umland bis ins hohe Alter ihre Mobilität erhalten, sehr gerne. Aber eine defekte oder altersschwache Batterie sollte, ja darf doch nicht gleich zum wirtschaftlichen Totalschaden für das geliebte Radel führen!

Aber das Fahrrad ist auch kein Allheilmittel! Das bitte sollen alle diejenigen, die in irgendwelchen Städten in ihren Bürotürmen sitzen, bitte nicht vergessen. Klar, es gibt viele Städte in Deutschland (von Europa ganz zu schweigen). Aber es gibt noch mehr, sehr viel mehr Land. Und das ist nicht nur platt und eben wie meinetwegen in Norddeutschland, in Brandenburg, Berlin usw. Es gibt viele Mittelgebirge. Und mit zwanzig oder dreißig ist das E-Bike sicher ein Spaß, auch Bergauf. Ein, zwei Jahrzehnte an Alter mehr, und es wird zur sportlichen Herausforderung. Aber mit siebzig, achtzig oder mehr wollen und müssen wir doch auch noch mobil bleiben. Und zwar flexibel (um beispielsweise dann zum Arzt zu fahren, wenn es diesem in den Kram –äääh Terminkalender passt). Und zu erträglichen, mit Minirenten kompatiblen Tarifen. Und für alles das gilt es doch, bereits heute die Weichen zu stellen.

Insgesamt wird es spannend werden, die Entwicklung dieses Vehikels in den nächsten Jahren zu beobachten. Sicherlich werden wir noch eine interessante Entwicklung dieses Gefährtes erleben. Mit neuen Formen und Funktionen, aber auch mit Irrwegen und Fehlkonstruktionen.

Wenn wir alle viel, viel mehr Fahrrad fahren, werden wir mehr Verkehrsraum und auch mehr Abstellfläche für das Rädchen benötigen. Wenn ich da so ein Transportradmonster neben einem Faltrad sehe, komme ich irgendwie ins Grübeln, werde nachdenklich.

Mir stellen sich dabei Fragen: muss das Rad wirklich mit immer mehr Elektrik und Elektronik vollgepackt werden? Wenn das Rad mit Zubehör und Batterie dann fahrbereit so viel wiegt wie ein Moped und so schnell fährt wie ein Moped, muss man es dann nicht auch versicherungstechnisch wie ein Moped behandeln? Wenn wir die gleiche Masse wie beim Moped beim Bremsen beherrschen müssen, müssten wir dann die Fahrerlaubnis (den Führerschein) nicht auch auf dem gleichen Level ansiedeln? Oder die Helmpflicht? Wer bitte bezahlt das „Mehr" an Verkehrsraum für das Rad? Der Autofahrer entrichtet Mehrwertsteuer auf das Fahrzeug, auf die Reparaturen, auf die Tankfüllung, zahlt Mineralölsteuer, Versicherungssteuer, Steuer auf Hubraum und Abgase. Dafür gibt es Straßen, meist gebaut vom Staat und auch unterhalten. Selbst bei einem Wagen der Kompaktklasse kommen da über eine Lebensdauer von vielleicht fünfzehn Jahren und etwa zweihundertfünfzigtausend Kilometer schnell mal *mehr* als dreißigtausend Euro Steuereinnahmen zusammen. Wäre es da nicht fair, den Radfahrer an den Kosten der Wege, die er benutzt, mit zu beteiligen? Oder generell über ein anderes System der Steuern für den Verkehr nach zu denken?

*Oder bitte: Weiterdenken…*


## 3.4.  Elektro Roller

Ähnliches gilt auch für die heute sehr beliebten E-Roller, bei deren momentan möglichen Preisen ein seriöser Händler wahrscheinlich noch nicht einmal mehr die Werkstatt aufschließt! Wo landen diese Dinger, wenn die Batterie hinüber ist? Wer kann so etwas noch stofflich verwerten? Ich werde das Gefühl nicht los, da läuft etwas (eigentlich Gutes) ganz gewaltig schief.

Schon heute mehren sich die Klagen der Städte, das die Dinger nicht nur wohl geordnet am Straßenrand stehen oder parken. Oft sind sie für behinderte oder gar blinde Menschen eine astreine Stolperfalle! Parke ich fünf Minuten im Städtchen falsch, dann kann schon das Zettelchen mit dem Ticket an der Scheibe kleben. Warum gilt unsere Straßenverkehrsordnung in Bezug auf das Parken nicht auch für diese E-Roller? Sind die etwas Besseres? Und, wie war das mit der Nachhaltigkeit, mit der Entsorgung, der stofflichen Wiederverwertung?

Im Wesentlichen gilt für diese Fahrzeug Gattung daher das nachstehende ebenfalls.

### 3.5. Elektromotorräder

Nun ja, Anfang der Fünfziger Jahre des letzten Jahrhunderts hatten wir eine Blütezeit der Motorradindustrie. Das Motorrad war nicht nur Ausdruck der neuen, ungezwungenen und freien Mobilität. Es brachte uns in erster Linie mal zur Arbeit. Erschwinglich war das Gefährt für die breite Masse der Bevölkerung mit dem einsetzenden wirtschaftlichen Aufschwung.

Mit mehr Wohlstand kam, vereinfacht ausgedrückt, auch der Wunsch nach mehr Komfort, nach dem Dach über dem Kopf beim Fahren. Es entstanden in bunter Vielfalt die Rollermobile, sie entwickelten sich fast aus dem Nichts! Wer heute mal eine Fachzeitschrift von damals liest, sich in einem Museum umschaut, kommt aus dem Staunen nicht heraus. Was wurde nicht alles konstruiert und gebaut, um trocken zur Arbeit zu kommen! Oft lag die Leistung dieser oft winzig kleinen Gefährte um oder unter zehn KW. Aber die ganz Mutigen fuhren damit im Urlaub bis nach Bella Italia und weiter!

Die Folge war, dass der Motorradmarkt in Deutschland in kürzester Zeit einbrach. Was dann Mitte der sechziger Jahre als zartes Pflänzchen erneut auflebte, war etwas anderes! Ein völlig neuer Motorradmarkt. Das Motorrad als Freizeitfahrzeug, als Spaß-Gerät! Und dieses Gerät lebte von da an vermehrt und lebt auch heute noch in hohem Maße (aber mittlerweile schon: nicht nur) von der Charakteristik seines Motors. Von stampfend und urzeitlich schüttelnd bis zum seidenweichen, turbinenartigen Lauf mehrzylindriger, großvolumiger Motoren. Aber möglicherweise gibt es hier mit dem Elektroantrieb auch einen Wandel. Mit dem Design als Schwerpunkt des Interesses?

Mit dem Genuss der Landschaft, dem Duft nach Wiesen und Wäldern in frühen Morgenstunden. Wenn wir beim nahezu lautlosen elektrischen Fahren im eleganten Bogen durch die Landschaft schwingen und dabei auch noch den Gesang der Vögel wahrnehmen könne….

Ich bin verrückt genug, mich auf das erste Motorradgespann
(also mit Seitenwagen) mit Elektroantrieb zu freuen. Wir
werden sehen…

*bitte: Weiterdenken…*


### 3.6.  Elektroauto

Betrachten wir voller Freude das Elektroauto? Immer neue
Angebote bereichern die Märkte. Wunderbar, ich verliere
schon fast die Übersicht. Manchmal möchte man den Rabatt
kaufen und die Ware, das Auto, beim Händler belassen!

Mild-Hybrid, Hybrid, reines Elektroauto *). Mit System-
Leistungen manchmal, ja oft von mehreren hundert Kilowatt!
Ich höre bei jeder neuen Kilowattrakete auf Rädern die
Jubelschreie in meinem geistigen Ohr!

Nebenbei bemerkt: die Anschlussleistung eines Haushaltes
mit vier Personen (inklusive Waschen, Kochen, Bügeln usw.)
liegt heutzutage meist deutlich unter 50 KW (Kilowatt). Mir
stellt sich die Frage, machen hundert oder mehr KW Leistung
in einem Elektroauto wirklich Sinn? Zumeist wird doch ein
Auto, der PKW (oder Van, SUV usw.) für die Fahrt zur Arbeit
benutzt. Hiermit meine ich ausdrücklich nicht den beruflich
Reisenden, der auf Grund seiner Aufgabe, seiner Klientel oft
mehrere hundert Kilometer am Tag zurücklegen muss (und
gleich angemerkt, aus eigener Erfahrung: dass funktioniert
weder mit dem Rad noch mit dem ÖPNV). Ich rede auch
nicht vom Handwerker, der mit Ersatzteilen und Werkzeug
zum Kunden fährt. Wir reden hier vom Angestellten im Büro,
dem Lehrer, der Krankenschwester oder ähnlich.  Die
Fahrstrecke liegt dabei meist unter zwanzig, vielleicht dreißig
Kilometer, also etwa vierzig bis sechzig Kilometer am Tag. Da
wäre doch eine Reichweite der Batterien von Hundert bis
hundertfünfzig Kilometer schon ausreichend, hätte genügend
Reserven. Würde relativ wenig wiegen und ebenso relativ
wenig kosten.

Natürlich will oder muss man auch mal jemand mitnehmen, seien es die Kinder zur Tagesstätte oder zu Schule. Oder die Oma zum Einkaufen schippern. Dazu braucht man zwei, besser drei bis vier Sitzplätze.

In den fünfziger Jahren, zu Beginn der Massenmotorisierung, genügten für diese Zwecke so etwa zehn bis fünfzehn Kilowatt Antriebsleistung. Manchmal sogar noch weniger! Rollermobile und Kleinwagen lautete die Bezeichnung dieser Fahrzeuge. Es lohnt sich, mal ein entsprechendes Museum aufzusuchen, um zu sehen, mit wie wenig wir mobil sein konnten.  Klar, heute wollen wir einen gewissen Komfort nicht missen. Auch auf moderne Sicherheitssysteme nicht verzichten. Beides Faktoren, die neben Batterien (oder einem Hybridtreibsatz) das Gewicht in die Höhe treiben – und damit wiederum mehr Leistung erfordern. Mehr Leistung und (oder) mehr Reichweite bedeutet aber wiederum mehr Batteriekapazität und damit wiederum mehr Gewicht. Ein Teufelskreislauf.

Aber, hier kommt erneut mein modularer Batteriegedanke ins Spiel! Warum soll ein Elektroauto wochentags, für den Weg zur Arbeit, nicht mit einem kleinen Päckchen von Batteriemodulen ausgerüstet sein? Ausreichend für die tägliche Fahrt zur Arbeit und mit etwas Reserve im Stau. Und am Wochenende, für die Fahrt zum Kaffeekränzchen oder ähnlich, miete ich mir an der Batterietankstelle noch ein paar Module für die größere Reichweite hinzu! Ich kann doch auch mit meinem Benziner oder Diesel mit halbvollem Tank oder auch vollgetankt durch die Gegend fahren!

Und noch etwas: Wenn ich dann mal wieder im Stau stehe, die Kälte und der Schneefall mir die Akkus  im Zeitraffer leer gezogen haben, dann könnte ja der Freundliche vom Verkehrsclub kommen und mir ein Reservepäckchen Batteriemodule irgendwie `reinschieben, damit ich bis zu nächsten E-Tanke komme. Geht bei fest verbauten Akkus nicht, da kommt dann der freundliche Abschlepper. Juhu, wenn dann auch nur 10 Elektroautos im Fünfzehnkilometerstau stromlos sind! Spielen wir dann fröhlich Eisenbahn und hängen die alle hintereinander an den einen, einzigen verfügbaren Abschlepper?

Heute erleben wir einen rasanten Anstieg der Elektromobiltät. Aber die Vorsprünge, die einzelne Hersteller noch haben mögen, werden schrumpfen. Sie werden mit der Zahl der Wettstreiter am Markt, mit der gestiegenen Anzahl neuer Modelle und Varianten schrumpfen. Und zum Schluss wird der Hersteller die Nase vorne haben, der im Falle eines Batteriekollaps seinen Kunden ein intelligentes, kostengünstiges System des Batterietausches offerieren kann!

*bitte: Weiterdenken…*

Man kann sicherlich auch darüber streiten, aber so um etwa dreißig bis fünfzig Kilowatt Antriebsleistung sollten doch heute für den Weg im Berufsverkehr genügen. Zumal doch auf der Fahrt zur Arbeit die durch das Verkehrsaufkommen bedingte Höchstgeschwindigkeit oft bei etwa Tempo einhundertzwanzig bis einhundertdreißig Stundenkilometern liegen dürfte (wenn wir ein bisschen Autobahn oder ähnliches) benutzen. Falls wir nicht via Dekret auf noch niedrigere Tempi gedrosselt werden. Und für das dahingetrödel im Stau reichen diese dreißig bis etwa fünfzig Kilowatt Antriebsleistung doch erst recht!

Damit will ich nicht Fahrzeuge mit höherer oder hoher Leistung in Abrede stellen. Wer mag, soll diese erwerben und nutzen. Wir sind ein freiheitlich-demokratisches Land. Ergo wird auch niemand gezwungen, ein definiertes Fahrzeug zu erwerben. Oder auch, dieses zu nutzen. Aber muss man in der Stadt, für die Fahrt zum angesagten Eiscafé um die Ecke, zwei Tonnen oder mehr Fahrzeugmasse bewegen? Ach ja, stimmt. Schon Könige und Kaiser hatten ihre Staatssymbole. Der arme Trottel, der die Sänfte schleppen durfte, hatte bestenfalls Latschen an den Füßen!

Wer mag (und kann) darf auch auf ein eigenes Fahrzeug auch gerne verzichten. Carsharing macht ja durchaus Sinn. Wenn man in der Stadt lebt, wohnt und arbeitet. Oder im unmittelbaren urbanen Umfeld. Auf dem Land da draußen sieht die Welt da wieder anders aus…

Und jetzt sollten wir den Faden mal wieder weiterspinnen.

*bitte: Weiterdenken…*

Wie könnte so ein von der Batterie angetriebenes Gefährt denn aussehen? Das Automobil (bedeutet ja „das selbst Fahrende") hat sich ja von der Kutsche zu dem uns heute bekannten Bild permanent weiterentwickelt. Die Räder wurden kleiner, noch kleiner, immer breiter. Ein Elektromotor hat aber eine völlig andere Charakteristik als ein Verbrennungsmotor samt Getriebe. Der Elektromotor kann seine volle Leistung bereits ab dem Stand abgeben. Und ein solcher Motor besteht im Wesentlichen immer aus einem Stator und einem Rotor. Konsequent weitergedacht, könnte die Radachse der Stator und die Felge (auf der der Reifen sitzt) der Rotor sein. Dann werden die Räder vielleicht wieder ihr Aussehen wandeln, vielleicht wieder größer und schmäler werden. Was soll`s, wenn es der Weg zu mehr erfolgreicher, nachhaltiger Mobilität ist! Und diese Antriebe, in das Rad integriert, könnten im Bedarfsfall (meinetwegen für Kleintransporter oder Ähnliches) auch noch ein Raum sparendes Planetengetriebe oder ähnliches zur besseren Abstufung beinhalten. Diese Radantriebssätze könnten als standardisierte Module beispielsweise Zulieferer der Automobilindustrie universell für mehrere Fahrzeughersteller anfertigen. So einen Mix der Lieferungen von Komponenten für Automobile gibt es heute schon in der Automobilindustrie. Beispielsweise bei Getrieben und vielen sonstigen Nebenaggregaten und Teilen. Ja, auch für ein Auto heutiger Zeit, einen Verbrenner, kommen die Teile und Baugruppen oft aus aller Herren Länder, bevor sie dann am Fließband zum geliebten, neuen Vehikel zusammengesetzt werden.

Diese standardisierten Module von elektrischen Radtriebsätzen sind ja auch wiederum gleichbedeutend mit kostengünstiger Produktion, Vorteilen bei der Wiederverwertung. Sie könnten so aufgebaut sein, dass sie wahlweise an Vorder- oder Hinterachse eingesetzt werden können. Auch das gab es schon, diesen achsweisen Tausch. Das ist keine Erfindung unserer Tage. Baut man dann an der Achse a) eine andere Leistungsstufe als an der Achse b) ein, generiert man weitere Vorteile: Im „Stopp and Go Verkehr" kann man dann mit der kleinen Leistungsstufe eher im wirtschaftlichsten Betriebsmodus fahren. Steigt die Leistungsanforderung, übernimmt die Achse mit mehr Leistung. Und fürs Beschleunigen, am Berg, mit Oma und Opa auf dem Rücksitz und dem Kofferraum voll mit tollen Gastgeschenken und Koffern, bei miserablem Wetter habe ich zudem einen Allradantrieb…

Damit ergeben sich für das Design völlig neue Möglichkeiten. Die Batteriemodule eines solchen Fahrzeuges liegen tief in einem Schnellwechselsystem unter dem Fahrzeugboden. Front und / oder Heckbereich tragen die erforderlichen elektronischen Komponenten (auch diese bitte wieder standardisiert und damit auch nach zwanzig Jahren oder mehr problemlos zu tauschen). Darüber befinden sich die Fahrgastzelle und der oder die Kofferräume. Im Geiste sehe ich Fahrzeuge wie den Rumpler Tropfenwagen *), den Dornier Delta *) bzw. den daraus weiter entwickelten Zündapp Janus*) grüßen.…

Vielleicht ergibt sich aber auch aus dem Umbruch, in dem sich die Automobilindustrie insbesondere in unserem Land befindet, etwas völlig Neues: Die übrig gebliebenen Hersteller arbeiten zusammen! Sie erarbeiten einen Baukasten an austauschbaren Komponenten! Einer oder zwei stellen Bodengruppen in Rastermaßen her (länger oder breiter oder länger und breiter). Der Nächste fertigt die Achsen mit den (angetriebenen und /oder lenkbaren Rädern). Dann gibt es noch Spezialisten für die Innenausstattung, für das gesamte Elektronikgerümpel usw. Auch die Airbag`s werden als Baugruppe vorne / hinten usw. an das Konstrukt angebaut. Und wenn wir dann vor dem Schreibtisch des freundlichen Verkäufers sitzen, fragt der uns „Was soll`s denn sein"? Und aus dem beschriebenen Baukasten macht er, konfiguriert er mit uns gemeinsam mit dem elektronischen Stift, flugs einen kompakten Zweisitzer für die Stadt, oder auf der gleichen Basis einen luftigen, offenen Zweisitzer für den Ausflug ins Grüne. Oder einen stylischen Kombi für die Stadt, eine praktische Kiste mit einem Maximum an Platz für den Handwerker. Und die Karosserie, das schöne „Außen"? Die suchen wir uns aus dem Katalog aus oder lassen sie nach eigenem oder fremdem Entwurf gestalten. Gefertigt wird die Karosserie dann im 3D-Drucker aus nachwachsenden, recycelbaren Rohstoffen. Diese sind vielleicht schon als Pflanze (Gen Technik lässt grüßen) in der passenden Farbe gewachsen? Die wir nach ein paar Jährchen, weil sich unser Geschmack, unsere Nutzung verändert hat, dann beim freundlichen Markenhändler austauschen gegen etwas Neues! Und die alte Karosse wird – recycelt, vielleicht sogar kompostiert? Das neue Gefährt hingegen wird in der Fertigungsstätte gebaut, die dem Kunden am nächsten liegt! Spart Logistikkosten und Energie. Den Robotern ist doch egal, was sie zusammenschrauben oder miteinander verschweißen, oder welches Logo sie irgendwo auf die Karosse pappen! Selbst der klügste Roboter macht doch nur das, was ihm sein Programm, sein Programmierer sagt (meistens zumindest).

Verbrauchernahe Produktion, unabhängig vom Firmensitz des Herstellers - auch das könnte wieder ein Mosaiksteinchen, ein Beitrag zur $CO_2$ armen oder $CO_2$ freien Industrie sein.

Eine Utopie? Nein, keineswegs, wie ich meine. Wir freuen uns heute über umweltfreundliche, Wasserbasierte Autolacke. Tolle Erfindung! Aber, hat schon mal jemand daran gedacht, wieviel Wasser, also Trinkwasser für ein Auto in der Herstellung benötigt wird? Es ist ja nicht nur das bisschen, welches wir zum Verdünnen des Lackes benötigen! Selbst wenn wir dieses für die Produktion erforderliche Wasser mehrfach durch Aufbereitung verwenden, es ist und es war Trinkwasser.

Und Trinkwasser, also Süßwasser, das sind nur etwa 3% *) unserer Wasservorräte auf diesem Planeten! Um das zu verdeutlichen: wenn ich von einem Liter Schnaps 3 Kurze von je 20 ml abzweige, dann ist das genau das gleiche Verhältnis wie wir es auf diesem Globus zwischen Meerwasser und Trinkwasser kennen!

Es gibt heute schon genügend Regionen, sogar Städte, in denen sich Menschen (meist natürlich die Armen und Ärmsten) um das gute Nass kloppen! Und wenn im Jahr 2050 (dann sind die lieben Babys von heute oft gerade ins Berufsleben gestartet) wie propagiert, etwas mehr als neun Milliarden Menschen *) auf diesem Globus leben? Dann wird Trinkwasser zum Gold der Zukunft! Dann erleben wir „Day Zero" *). „Day Zero", ein Film, aber auch ein Sinnbild für den Tag, an dem das Trinkwasser abgeschaltet wird...

Also doch zurück zu den Wurzeln des Karosseriebaues. In der Frühzeit des Automobils war die individuelle Karosserie durchaus üblich. Warum also nicht wieder einen Schritt in diese Richtung. Langfristig werden wir uns sowieso von dem Gedanken, in kurzen Abständen schon oder immer wieder ein neues Gefährt vor der Tür parken zu können, verabschieden müssen.

In einem endlichen System wie unserem Globus kann es auf Dauer kein unendliches Wachstum geben.

*bitte: Weiterdenken...*

### 3.7. Bus und LKW

Für den schweren LKW, mit und ohne Anhänger oder Sattelauflieger, den Fernreisebus, den Bus im Überlandverkehr, also auf der Langstrecke oder der längeren, topographisch schwierigen Strecke sehe ich nach wie vor mit dem wirtschaftlichen Diesel als optimale Lösung. Aber, eben zu hundert Prozent Biodiesel bitte (und das aus der Region!). Vielleicht auch mit Gasantrieb, evtl. sogar mit Wasserstofftechnik.

Die Oberleitungsversuche bei Darmstadt auf der Autobahn sind für mich eine sehr traurige Lachnummer, völlig am Ziel vorbei. Demonstrative Verschwendung von Steuermitteln! Während der Fahrt den Stromabnehmer an die Oberleitung an- oder abkoppeln, eine Novität, völlig neu?

So ab 1957 gab es bei der Bahn über Jahrzehnte den TEE, den Trans-Europ-Express *). Der konnte während der Fahrt durch Wechseln der Stromabnehmer sogar von Gleichstrom auf Wechselstrombetrieb umschalten! Eine solche Technik muss sicher auf den aktuellen Stand der Technik adaptiert werden. Aber man braucht sie doch nicht grundlegend neu zu erforschen, oder?

Oder schauen wir mal nach Esslingen (Bericht Darmstädter Echo vom 06.08.21), da laufen sogar seit den siebziger Jahren schon Hybridbusse. Die können sich von der Oberleitung entkoppeln und fahren dann die „letzte Meile" elektrisch, mit ihrer zuvor an der Oberleitung geladenen Batterie!

Erinnert mich irgendwie an das Mautsystem. Was anderswo mit einem Pickerl an der Scheibe seit Jahren problemlos funktioniert, ist für unser High-Tech-Land (Schulen, Kindergärten, Internet usw. bitte ausgenommen) viel zu einfach. Das muss erst aufwändig und teuer erforscht und dann völlig neu gedacht werden. Meine Güte, wegen der paar Milliönchen aus der Steuerkasse….

Oberleitungsbusse gab es auch hier in der Region schon einmal, nach dem Krieg. Ich selbst konnte als Kind da noch mitfahren. Und es gibt weltweit viele Städte, in denen sie im Einsatz sind. Eine tolle, eine fantastische Lösung! So ein Oberleitungsbus ist flexibler als jede Straßenbahn! Er ist auch in der Lage, richtige Steigungen zu bewältigen. Denn bei Steigungen kommt die Kombination Schiene und Eisenrad ganz schnell an ihre Grenzen. Haftreibungsgrenze heißt das Zauberwort. Nicht umsonst messen wir Steigungen für Kraftfahrzeuge in Prozent, für Schienenfahrzeuge in Promille! Oder hat einer schon mal eine Straßenbahn das

Pannenfahrzeug, eine Unfallstelle auf den Gleisen umfahren sehen? Ein Oberleitungsbus, der kann das! Ein LKW für den Verteilerverkehr, als Hybrid mit einem Stromabnehmer für die Oberleitung könnte das auch. Steigungen, die ein Oberleitungsbus noch mühelos erklimmt, da braucht es beim Bähnle schon einen Zahnradantrieb! Wäre es nicht sinnvoll, mal nachzudenken, wie wir das Oberleitungsnetz der Straßenbahnen multipler nutzen könnten?

*bitte: Weiterdenken…*

### 3.8.  Oberleitungen

Also, was machen wir mit der wirklichen tollen Oberleitung? Richtig weitergedacht fände ich sie Klasse.

Wir haben in unserer Republik eine riesige Anzahl an Bussen. Und jede Menge, wirklich unzählige LKW und Kleintransporter. Betrachten wir doch mal die klassische Logistikkette. Ergo die Zeit nach dem Mausklick bis zum „OH", wenn das Paket an der Haustür angekommen ist.

Der LKW bringt die Massen der Güter über die Fernstrecke von Stadt A nach Stadt B. Von einer Fabrik zum Logistikcenter am Stadtrand, zur nächsten Fabrik, zum nächsten Logistikcenter. Der Kleintransporter holt die Pakete aus dem Logistikcenter, aus dem Binnenhafen, vom Lagerplatz der Spedition und verteilt das Ganze in Stadt und Land. Der Bus bringt die Menschen in die Stadt und auf das Land, von einem Start zum nächsten Ziel. Und in der Stadt, im Vorort wuselt zwischen allen diesen Fahrzeugen die Straßenbahn. Möglichst auf einer eigenen Trasse, verbraucht damit Unmengen an Verkehrsraum. Lässt sich aber gut mit grünem Strom betreiben. Es gibt diese Straßenbahnen jedoch im Vergleich zu Bussen, LKW und Kleintransportern, aber nur in einer verschwindend kleinen Zahl.

Und jetzt, jetzt brauchen wir doch eigentlich nur noch ein paar kleine Schritte weiterdenken. Was wäre, wenn Straßenbahngleise so weit wie irgend möglich in die Straße verlegt, integriert werden (das gibt es in Teilen schon). Und wenn wir dann das Oberleitungsnetz (und / oder die Straßenbahn) soweit ertüchtigen, dass dieses Oberleitungsnetz von der Straßenbahn, dem Bus (evtl. Hybridbus), dem Kleintransporter (ebenfalls evtl. als Hybrid) gleichzeitig genutzt werden könnte?

Dann könnte ich, könnten wir uns folgendes Szenario gut vorstellen:

Der große LKW samt Anhänger, der Sattelschlepper, Fernreisebus usw. haben dann die Fernstrecke mit ihrem Biodiesel (oder Gas oder Wasserstoff aus den besagten, nachwachsenden Rohstoffen) zurückgelegt und bleiben außen vor der Stadt. Der LKW fährt nur die Fabrik, das Logistikcenter am Stadtrand, im Industriegebiet usw. an. Der Fernreisebus fährt bequem bis zum Busbahnhof. Toll für das Klima in der Stadt, die Verkehrsbelastung, die Radfahrer und Fußgänger in der Stadt!

Der Kleintransporter kommt dann als Hybrid (!) aus dem Umland am Stadtrand an. Er erhält seine Warenladung vom Verteilzentrum, vom Logistikcenter usw. Dann geht`s in Richtung Stadt, Stadtmitte. Dieser Kleintransporter klinkt sich dann auf dem Weg in die Stadt in das Oberleitungssystem eben dieser Stadt ein! Und fährt als reines Elektrofahrzeug weiter in die Stadt, bis ins Zentrum hinein! Die letzten Meter zum Pakete verteilen, die macht dann sein Hybridantrieb. Oder besser noch der während der Fahrt aufgeladene Batteriesatz. Oder später mal der Roboter oder die Drohne. Und der Bus, der aus dem Umland kommt, ganz ähnlich. Und ganz genauso geht es aus der Stadt wieder hinaus. Mit allen Passagieren, den Paketen, den Waren und Dienstleistungen. Das würde doch das Klima, die Luft in unseren Städten wirklich verbessern!

Und noch so ein Gedanke: Warum kann die Straßenbahn nicht auch noch Lasten vom Verteilzentrum abholen und an strategischen Zielen in der Stadt abladen? Also beispielsweise einen Lastenanhänger hinter sich herziehen?

Das gilt auch für den Oberleitungsbus. Auch der könnte einen Lastenanhänger oder ähnlich hinter sich herziehen. Der Rest ist eine Sache von Logistik und zeitlicher Abstimmung (auf Denglisch: Timing). Natürlich braucht es dazu an den Haltestationen ein noch zu entwickelndes System zur schnellen Be- und Entladung dieser Fracht. Vielleicht sogar mit einem neuen, Paletten ähnlichem System, abgestimmt auf eine zukünftige Generation von Lastenfahrrädern?

Und sage keiner, solch chaotisch angeordneten Verkehrsströme auf einer Trasse wären technisch nicht möglich! Hinter der Straßenbahn ein Oberleitungsbus, dahinter zwei Kleintransporter vom Handwerker Mäxchen Machichschon. Wir waren doch vor Jahrzehnten bereits auf dem Mond, haben einen Roboter bis zum Mars geflogen. Stehen an der Schwelle zum vollautonomen Fahren. Und die wirtschaftliche Seite – ein paar Straßenbahnen und Oberleitungen evtl. umzurüsten anstelle aller anderen Fahrzeughalter in wirtschaftliche Nöte und Abgründe zu stürzen oder vorzeitig Abertausende Busse, LKW, Transporter in den Müllcontainer zu stopfen, erscheint mir nachhaltiger und volkswirtschaftlich allemal sinnvoller.

Wer will, kann sich auch mal unter dem Begriff "Cargo Suss Terrain" *) schlau machen. Ein in Entwicklung befindliches Projekt, welches Lasten in einem Tunnelsystem in den Metropolen dieser Welt nahezu ohne Flächenverbrauch an der Oberfläche realisieren will.

*Also auch hier die Bitte: Weiterdenken…*

### 3.9.  Seilbahnen und Ähnliches

Oft können wir über alternative Verkehrskonzepte lesen oder hören. Ist ja auch richtig, nichts ist als Lösung in Stein gemeißelt. Sonst gäbe es ja keine Weiterentwicklung, keine Innovationen. In Wuppertal hat sich die Schwebebahn seit Jahren bewährt. Der Flächenverbrauch für die erforderlichen Stützen ist, je nach Standort, allerdings auch nicht zu verachten. Da würde ich eher der Seilbahn eine Chance in

der Zukunft einräumen. Die benötigt eine viel geringere
Anzahl an Stützen, damit natürlich auch viel weniger an
Fläche für diese Seilstützen! Das sehen wir aktuell an der
neuen Zugspitzbahn. Und wenn dann noch die Topographie
der Stadt oder des Umlandes zusammenpassen, warum
nicht. Es soll allerdings auch Menschen mit Höhenangst oder
Behinderungen geben, wie werden diese dann transportiert?
Sind die auf die Mitfahrerbank angewiesen? Oder kommen
die nette Drohne oder das Flugtaxi mal eben vorbei und
laden zur Mitfahrt ein? Im Umfeld der Schwebebahn gibt es ja
auch noch ein Busnetz, so ähnlich könnte das auch bei
Seilbahnen aussehen. Also Bauformen wie Seilbahnen eher
für schnellen Transport größerer Menschenmengen. Den
Transport von Dienstleistungen, ja vielleicht sogar Lasten
über weite, evtl. schwierigere Strecken im urbanen Umfeld.
Und der Bus, dass Ruftaxi, das Sammeltaxi oder die gute,
alte Schuhsohle im Nahbereich.

Aber wer weiß schon, was uns der Umbruch in der
Verkehrsinfrastruktur noch so alles bringt.

bitte: Weiterdenken


### 3.10. Fliegen

Auf die Fliegerei, egal ob für Fracht oder Freizeit, werden wir
wohl kaum mehr verzichten wollen oder können. Es wird aber
auch dort einen Wandel geben müssen. Auch da kann der
Weg eigentlich nur zu nachwachsenden Treibstoffen führen,
das Problem des Batteriegewichtes ist noch viel zu groß, die
Solartechnik noch lange nicht leistungsfähig genug für ein
Großflugzeug. Ja, 2016 gelang es Bertrand Piccard *) mit
einem reinen Solarflugzeug die Welt zu umrunden. Dieses
Flugzeug ist ein technisch sensationelles, filigranes Etwas an
der Grenze zur Zerbrechlichkeit. Aber, er hat es geschafft!
Klasse, Gratulation! Der Flug dauerte rund zwei Jahre, in
einem einsitzigen Flugzeug! Eine hervorragende,
menschliche Leistung und einzigartige Demonstration des
technisch machbaren! Aber von der massenhaften Nutzung

dieser Technik in einem Großraumflugzeug sind wir noch Äonen weit entfernt.

Näher am realen Betrieb, weil tatsächlich auf dem Markt verfügbar, ist die Antares *). Ein Segelflieger mit Elektrohilfsantrieb über aufladbare Batterien (typisch für Segelflieger ist dieser einklappbar).

Vielleicht erleben wir eine Zwischenphase, in der über Stadt und Land mit Biotreibstoffen und draußen über dem Ozean noch für eine gewisse Zeit klassisches Kerosin in den Turbinen der Flugzeuge verbrannt wird?

Manchmal, zunehmend oft, überschlagen sich Ereignisse. Am 04.10.2021 geisterte plötzlich eine Meldung durch die Medien: Im Emsland wurde die erste Anlage eröffnet, die strombasiertes Kerosin, den Flugzeugtreibstoff herstellt. Nennt man „Power-to-Liquid Kraftstoffe *). Funktioniert noch nicht im Großindustriellen Maßstab, ist aber ein erster, wichtiger Schritt. Wird sich aber leider nur durchsetzen können, wenn die Verwendung dieser Art von Treibstoffen weltweit einheitlich geregelt ist. Das edle Tröpfchen kostet nämlich mehr, damit wird der Betrieb der Flugzeuge teurer. Und das ist ein erheblicher Wettbewerbsnachteil, wenn man es im Alleingang macht. Ach ja, das liebe Geld…

Sicherlich sollte oder muss man auch mal über die Notwendigkeit von Inlandsflügen nachdenken. Wenn der Zug im Stundentakt (oder in noch kürzeren Abständen) zuverlässig, Streikbefreit und PÜNKTLICH die Republik durchquert, dann machen manche Kurzstrecken in der Fliegerei doch eigentlich keinen Sinn mehr?

Im Moment entwickelt sich gerade eine neue Sparte. Lufttaxis, die Dinger sollen irgendwann auch autonom fliegen. Als Prestigeobjekt von Hochhaus A nach Hochhaus B, wer`s denn braucht. Und wenn auf dem Dach des Hochhauses neben dem Aufzugskopf, den Klimaanlagen, den Solarmodulen oder Windkraftanlagen noch Platz ist! In den richtig großen Metropolen dieser Welt brauchen die Menschen vielleicht diese Geräte. Wird aber sehr komplex, weil diese Dinger drei Dimensionen beim autonomen Fliegen beachten müssen. Also noch einmal eine deutliche Steigerung der technischen Herausforderungen! Irgendwann, spätestens nach den ersten Unfällen, wird es auch eine „Luftverkehrsordnung" abgestimmt auf diesen Verkehrsträger geben. Aber, könnte man mit den Dingern auch auf dem platten Land oder besser im Mittelgebirge etwas anfangen? Wir haben doch hier gar keine Hochhausdächer zum Landen!

Bei uns vor der Kirche gibt es einen schönen, großen Parkplatz. Der steht bei schönem Wetter meist voll, und aus den mehr als fünfzig Autos quellen dann in bunter Vielfalt Opa, Oma, Papa, Mama und die lieben Kinderlein nebst Schlitten, Fahrrädchen, Hund oder Kinderwagen. Wenn ich mir jetzt so eine Drohne, ein Flugtaxi mit ihren Rotorblättern, dem nötigen Sicherheitsabstand vorstelle?? Dann können die letzten Ausflügler doch wohl erst am Abend landen, wenn die Gelegenheit für einen tollen Tagesausflug schon längst vorbei ist?

 Also sollten wir auch da mal ganz genau hinschauen. Wie und mit was werden diese Dinger angetrieben? Wie ist der Energieverbrauch in der Fertigung, beim Betrieb, bei der stofflichen Wiederverwertung? Macht es Sinn, wenn wir statt mit dem E-Bike, dem eigenen Auto, dem Taxi für ein paar Hundert Meter mit so etwas durch die Gegend fliegen? Oder geht es um Prestige, ist oder wird das Fliegen mit dem Lufttaxi ein neues Statussymbol? Wie ist denn da bitte der ökologische Fußabdruck?

Und Luftschiffe sind noch mal ein Kapitel für sich, spätestens seit Lake Hurst. *) Für den Volumentransport in unwegsamem, noch nicht richtig erschlossenem Gelände, da könnten Sie eine exotische Alternative sein. Auch wenn das Projekt des „Cargo-Lifter" *) gescheitert ist, sage niemals: „NIE"

Wer weiß denn schon, was uns in den nächsten Jahrzehnten noch so „Alles" um die Ohren fliegt?

*Lasst uns bitte: Weiterdenken…*

### 3.11. Schifffahrt

Eigentlich sind Schiffe ja ein tolles Transportmittel. Egal ob auf den Weltmeeren oder auf unseren Binnenflüssen. Riesige Frachten können mit relativ geringem Aufwand transportiert werden. Man schätzt, dass etwa neunzig Prozent des Welthandels von etwa neunzigtausend Schiffen auf unseren Weltmeeren transportiert werden, im EU-Binnenhandel sind es etwa vierzig Prozent der Güter *).

Wenn ich jedoch Containerriesen sehe, Riesentanker, schwimmende Kreuzfahrtstädte, das ist doch gelebter Gigantismus. Was ist, wenn sich die Weltmeere insbesondere unter den vielen Zeichen des Klimawandels mal wieder nicht an die Sicherheitsplanungen der Werften und Reedereien halten? Oder nehmen Neptun oder Poseidon solche Begriffe wie „rechnerisch maximale Wellenhöhe" und Ähnliches wirklich zur Kenntnis? Als Stichworte seien hier nur mal Nettigkeiten wie Monsterwellen, Tsunamis, Taifune, Orkane, Ölpest usw. genannt. Oder glaubt irgendein Mensch wirklich, alle Container eines Riesenfrachters seien im Havarie Fall „umweltfreundlich schwimmfähig", bis man sie an irgendeiner Küste wiederum umweltfreundlich aus dem Wasser gefischt hat?

Hat man hier eigentlich schon das globale Ziel „$CO_2$ freier Transport" ausgerufen oder festgeschrieben?

Ja, es gibt positive Zeichen, maritime Zielsetzungen. Teilweise wohl mit unterschiedlichen Fristen. So sollen bis etwa 2050 die für den Treibhauseffekt relevanten Emissionen um fünfzig Prozent reduziert werden. Interessant sind die aktuellen, unterschiedlichen Entwicklungen, die nicht durch ein bestimmtes Verfahren (wie die reine Elektromobilität eines ist) eingeengt sind. Da gibt es z.B. seit Ende 2017 die Black Pearl *). Ein Segelschiff voller Innovationen. Drehbare Masten anstelle der drehbaren Rahen! Ein völlig neues Segelsystem, werden doch in der Schifffahrt die Segel üblicherweise mittels der Rahen gedreht (Rahen, das sind die waagrechten Stangen, an denen die Segel befestigt sind). Selbst die Segel dieses innovativen Schiffchens sollen zukünftig mit Solarzellen bestückt werden. Wie heute üblich, besitzt das Schiffchen auch einen Hilfsantrieb durch Dieselmotoren. Also kann man bei Flaute mit dem Verbrenner fahren (das ist nicht neu). Und wenn das Schiffchen dann segelt, dann ist gibt es ein cleveres System der Energierückgewinnung! Die Schiffspropeller treiben dann einen Generator an und laden während des Segelns fröhlich die Batterien auf, das ist völlig neu! Und richtig gut!

Oder nehmen wir die Energy Observer *). Ein Hochleistungskatamaran (also ein Boot mit Doppelrumpf), der mit Brennstoffzellen über die Weltmeere fährt und dabei den Beweis erbringt, dass die Wasserstofftechnologie auch für die Schifffahrt geeignet ist!

Ein anderes, aktuelles Beispiel ist das Containerschiff „Elbblue", welches in diesen Tagen erstmals mit SNG *), also mit synthetischem Erdgas aus hundert Prozent erneuerbarer Energie betankt wurde.

Auch die Windkraft erfährt neue, starke Impulse auf See. Dabei ist das offene Meer eines der schwierigsten Laboratorien! Da gibt es (wieder) erste Schiffe mit Flettner – Rotoren *). Das sind vertikale Zylinder, die bei entsprechender Anströmung durch den Wind dem Schiff z. B. einen Vorwärtsschub verleihen können. Erste Fähren, die auf Grund ihrer Route mit relativ konstanten, gut geeigneten Windverhältnissen rechnen können, gibt es mit diesem Unterstützungssystem bereits. Und wer mag, kann sich gerne mal auf die Seiten der „Econowind" *) vertiefen. Dort werden sogar klappbare Flettnerrotore in Containern angeboten. Vielleicht erleben wir ja schon bald, dass die oberste Lage der Container an Deck (oder ein Teil dieser obersten Containerlage) solche „Flettner - Container" sind, die dann beispielsweise mit ihrem erzeugten Strom (diese Rotoren können alternativ zum Vortrieb auch Strom erzeugen) den Schiffsantrieb unterstützen oder Nebenantriebe des Schiffes entlasten. Man spricht heute schon von Ersparnispotentialen beim Treibstoffverbrauch mit diesen alternativen Hilfsmitteln von etwa fünf bis dreißig Prozent, evtl. sogar noch mehr! Und wir reden hier nicht vom lecker Dieselstöffche oder so, sondern von Schweröl der (meist) übelsten Sorte, was da normalerweise in Unmengen verbrannt wird. Da ist jeder ersparte Liter ein kleiner Segen für die Umwelt.

Es gibt auch beispielhafte Reedereien, wie z. B. die Hurtigruten Reederei *). Die verkehren traditionell in den engen Fjorden Norwegens und wollen und werden dort mit ihren Hybridschiff(en) die Umwelt signifikant entlasten. Wer dort mal war und gesehen hat, wie sich die schwimmenden Kreuzfahrtpaläste in einem engen Fjord drängeln! Schlimmer wie die Entchen in der Badewanne! Da kann man verstehen, warum eine norwegische Reederei zum Schutz des eigenen Landes vorbildlich agiert! Mögen sich alle ein Beispiel nehmen!

Generell sehe ich jedoch für Schiffe und ihre Antriebe auf Dauer, ja eigentlich neben dem Wind den Wasserstoffantrieb. Diese Dinger, die Schiffe schwimmen doch, egal ob auf dem Fluss oder dem Meer, eigentlich im eigenen Treibstoff. Ist zwar Laienhaft ausgedrückt, beschreibt aber meines Erachtens treffend das anzustrebende Ziel. Das mit dem bisschen Salz im Meerwasser ist doch heute schon kein Thema, schon machbar. Siehe „Energy Observer" *). Das mit dem Wind ist schon ein anderes Thema. Ich denke in diesem Kontext an so Nettigkeiten wie Klimaveränderungen, Taifune, und ähnliches. Wie das zur modernen Segeltechnik passt, werden wir noch sehen.

Daher aus meiner Sicht eher überwiegend die Wasserstofftechnik. Ob man eine solche Lösung, oder die erwähnten Alternativen und Hilfsmittel, zum Tarif des heute üblichen Schweröls hinbekommt, scheint mir fraglich. Wie gesagt, wir waren auch schon auf dem Mond... Bei dem einen oder anderen Schiffstyp mag sich auch die Solar- oder eine automatisierte Segeltechnik weiterentwickeln. Neue Rumpfformen, neue Bugformen, vielleicht völlig neu gestaltete Bordwände, geschuppt wie bei den lieben Fischlein? Oder auch irgendeine, vielleicht heute noch nicht vorstellbare Kombination dieser Techniken. Aber, seien wir

mal ehrlich, wo will ein Containerriese heutiger Prägung auf
unseren Weltmeeren denn noch Segel hinsetzen?  Hier
werden wir in den nächsten Jahrzehnten sicherlich noch die
eine oder andere, überraschende Entwicklung erleben.

*Auch hier gilt, bitte weitermachen, bitte: Weiterdenken…*


### 3.12. Die Bahn

Bald ist es zweihundert Jahre her, dass die erste Bahn durch
Deutschland dampfte. 1835 führte die Strecke von Nürnberg
nach Fürth. Es gab damals wirklich Ängste, dass die
Geschwindigkeit zum Irrsinn führen oder die Atemluft aus den
Lungen blasen würde! Das war der Einstieg in die
Industrialisierung unseres Landes.  Plötzlich war Reisen und
Gütertransport in nie geahntem Ausmaß möglich. Aber - auch
eine neue, einheitliche Zeit wurde erforderlich. Bis zum
Auftritt der dampfenden Eisenbahn hatte nahezu jede
Region, manchmal jedes Städtchen seine eigene Zeit! Das
war in der jetzt beginnenden Zeit der festen Fahrpläne
unmöglich. Es begann notwendigerweise die Ära der Takte,
der festen Fahrpläne, des „Pünktlich!" seins, auf die Minute!

Vom Ruß und Qualm jener Tage sind wir meilenweit entfernt,
die Bahn fährt heute meist mit Strom. Und Diesel aus
nachwachsenden Rohstoffen sollte doch auch für die Bahn
kein Problem darstellen? Zusteigen kann man nahezu
jederzeit, an vielerlei Orten. Sei es der mondäne
Hauptbahnhof mit mehreren Etagen oder die Haltestelle
draußen auf dem Land, die manchmal nur aus einem
windschiefen, nach Urin stinkenden Dach besteht.

Und Dank ICE und IC usw. sausen wir mit affenartiger
Geschwindigkeit durch das Land. Es wurden ja auch viele
Brücken gebaut, die wunderschöne Täler durchschneiden.
Oder Tunnel, die an lieblichen Abhängen ihre klaffenden
Mäuler aufreißen.

Eigentlich ist die Bahn doch auch, vielleicht sogar ganz
besonders, für den Gütertransport geeignet. Den Container

aus dem Überseehafen in Hamburg oder Rotterdam abends flugs auf den Zug und am anderen Morgen in München abladen! Ach, das wäre schön… Oder gar so etwas in Verbindung mit dem Autoreisezug, falls wir mal wieder mit dem eignen Gefährt an den „Lago Irgendwo" fahren wollen. Ohne wochenlange Vorausplanung. Wäre das nicht toll, wenn z.B. der Nordhesse, der die Oma in Hintertupfing in Bayern besucht, den Zug ganz anders nutzen könnte? In Kassel mit dem Auto auf den Zug, in München vom Zug runter und ab ins schöne Land nach Hintertupfing. Irgendwo ganz tief in der Provinz, wo man (nix gegen die lieben Bayern), ÖPNV mit „Öfter Pils Naschen & Vernichten" übersetzen muss (oder ähnlich). Und die Fahrt in die Provinz dann mit dem schönem Ökostrom, frisch aufgeladen während der Bahnfahrt!

Wäre ja schön, ist aber nicht. Es mangelt an geeigneter Logistik, an ausgeklügelten Terminals für den ganzen Frachtsektor. Terminals, das sind Be - bzw. Entladestationen, an denen der Container (oder das Autochen) ohne langatmige Rangiererei runter vom Zug oder wieder auf diesen draufkommt. Es mangelt an einer Logistik, die den Container beim „Einsteigen / Aussteigen" so flexibel handhabt wie den Reisenden mit seinem Köfferchen.  Nicht an jeder Station in Kleinkleckersdorf. Aber in Metropolregionen wie an den Nord- und Ostseehäfen. In Hannover, im Ruhrgebiet, Rhein-Maingebiet, Nürnberg, München, Stuttgart, Freiburg, Passau oder so ähnlich.

Aber, wir haben ja die Privatisierung und den Börsengang der Bahn probiert. Hat außer Streckenstilllegungen praktisch nichts gebracht (sieht man mal von durchgereichten Managern und verpulverten Millionengehältern, Pensionen usw. ab). Unsere Bahnen fahren wie eh und je mit einer Spurweite (das ist der Abstand von Mitte Schiene zu Mitte Schiene, vereinfacht ausgedrückt) von vier Fuß und achteinhalb Zoll *). Ach, Verzeihung! Es sind meines Wissens eintausendvierhundertfünfunddreißig Millimeter (zuzüglich / abzüglich der technisch notwendigen Toleranzen). Genauso wie die Spurweite des Adlers. Der Adler? Naja, eben die erste Bahn, die 1835 durch Deutschland dampfte. Das ist für mich so, als wollte man einen roten (oder andersfarbigen), italienischen Hochgeschwindigkeitssportwagen mit Gummibereiften Kutschenrädern durch die Landschaft schicken. Diese verdammt schmale Spur bereitet den Technikern und Ingenieuren sicherlich nicht wenig Kopfzerbrechen. Beim Kurvenfahren, bei der Baubreite der Waggons (also auch bei der maximal nutzbaren Innenbreite) sowie den Lokomotiven usw. Sie ist das Korsett, welches jede technische Weiterentwicklung einengt oder zur Herausforderung macht!

Hätte es in diesen nahezu zweihundert Jahren keine Alternative gegeben? Größere Spurweite nach dem Krieg oder so? Neue Bahntechnologie beispielsweise? Hätte es schon gegeben, läuft heute in Shanghai und anderen Ländern. Schnell, sicher, problemlos.  Ach so, ja die Magnetschwebebahn! *) Da müsste man schon eigentlich mindestens drei Ausrufezeichen setzen!

Die Entwicklung geht zurück auf ein Reichspatent von Hermann Kemper, erteilt 1934*). Etwa dreißig Jahre später, 1967 wurde eine Entwicklungsgesellschaft neu gegründet, die dann 1971 ein erstes Versuchsfahrzeug präsentieren konnte. Von deutschen Konzernen (na ja, mit ein bisschen staatlicher Unterstützung von nur ein paar hundert Millionen Euro) Jahre weiterentwickelt (Fahrzeuge, Betriebssysteme, Nebenanlagen) bis zur Versuchsanlage 1984 im Emsland. Ich bin Laie, aber  wenn ich mir so überlege, was hier in Deutschland seit der Wende an ICE und sonstigen Bahntrassen gebaut wurde, und mir dann überlege, das man wahrscheinlich mit ähnlichem Aufwand eine Magnetschwebebahn (die ja auch schon die 400 km/h Marke geknackt hat) hätte bauen können…(kann man im Detail im Netz wunderbar nachlesen).

Mit Platz in dieser Magnetschwebebahn z. B. für große Container unter einer Hülle mit geringstem Luftwiederstand (Energieersparnis, ich sehe dich um die Ecke schleichen). Mit einer ausgefeilten Logistik für das Be- und Entladen von Containern. Hätte auch ein Vorzeigeprojekt für unser berühmtes technisches Händchen werden können, ein Exportschlager, unabhängig von oder gar zusätzlich zur Automobilindustrie!

Aber, unsere Regierenden haben in weiser Voraussicht kurz vor Zwölf mal wieder gekniffen. Wer heute Magnetschwebebahn erfahren möchte, braucht doch nur nach China, nach Shanghai zu fliegen. Ist ja doch gleich um die Ecke, oder? Aber vielleicht importieren wir diese Technik im Zuge des Wandels unserer Verkehrsinfrastruktur? Dann würde ich endlich verstehen, warum man manche Länder als „Land des Lächelns" bezeichnet!

Bundesbahn – wohin fährst du?

Können wir dich nicht besser nutzen? Vielfältiger nutzen? Indem wir über deine Oberleitungen Strom von A nach B transportieren? Indem wir neben deinem Gleisbett oder darunter Stromkabel für Energie aus nachhaltigen Quellen wie Wasser, Luft und Sonne quer durch unsere Republik transportieren? Oder neben der Bahntrasse Gaspipelines verbuddeln?

*Wäre das nicht hilfreich: Weiterdenken??*


### 3.13. Das Tempolimit

Man kann fast die Uhr danach stellen, spätestens im Vorfeld einer beliebigen Wahl kocht dieses Thema hoch. Da werden die tollsten Argumente aus den finstersten Ecken hervorgezerrt! Vielleicht bekommen wir das umstrittene Limit ja auch als Folge dieser desaströsen Wahl (nach meiner persönlichen Meinung) auf Auge gedrückt? Ohne an die Folgen auch nur im Entferntesten zu denken!

Ich wehre mich nicht gegen Veränderungen, wenn sie denn etwas Positives bewirken. Also unternehmen wir doch einmal den Versuch einer faktenbasierten Betrachtung:

Wir sind ein freies Land, keiner wird zum Autofahren gezwungen. Erst recht wird keiner gezwungen, auf der Autobahn zu fahren und dort gar schneller als Tempo 130 oder ähnlich zu fahren. Hört man die Diskussionen, könnte man glauben, *Alle* würden auf der Autobahn ständig und immer mehr als 130 km/h fahren! Das ist doch hirnloser Quatsch! Nicht jeder Meter Autobahn ist mit höherem Tempo befahrbar, da gibt es Baustellen, Brücken, Fahrbahnverengungen, Witterungseinflüsse usw. Das sollte, darf man bei dieser Diskussion ja auch nicht vergessen. Und wir reden nur vom PKW-Verkehr (und ein paar wenigen Motorrädern).

Busse und LKW tangiert diese Diskussion auf Grund der jetzt schon existierenden Gesetze überhaupt nicht! Diese sind erst wieder mit dabei, wenn wir von *nicht angepasster Geschwindigkeit* reden. Das ist ein völlig anderes Thema.

Nehmen wir das Thema Energie und Emissionen in diesem Kontext: ich hätte gerne mal eine wissenschaftlich fundierte Erhebung über den Energieverbrauch für das gesamte, nicht auf Muskelkraft   basierende Transportvolumen unserer Republik innerhalb eines Jahres. Dazu braucht es erst mal eine vergleichbare Basis für PKW und LKW. So etwas wie „Kilowatt pro Kilogramm und Kilometer“ oder ähnlich.  Also das Transportvolumen angefangen vom E-Bike über den motorisierten Roller, PKW, Flugzeuge, Schiffe, LKW usw. als vergleichbarer Wert innerhalb eines Kalenderjahres. Den daraus resultierend Energieverbrauch müsste man dann im ersten Schritt mal auf die einzelnen Fahrzeugarten verteilt betrachten.

Und dann wüsste ich gerne mal:

a) Wie viel von diesem Transportvolumen wird mit Geschwindigkeiten *über* Tempo 130 erbracht und:  b) welcher *Mehrverbrauch* an Energie wird durch die Fahrzeugarten Personenkraftwagen und motorisiertes Zweirad (also Motorrad) bei diesem höheren Tempo (über 130 km/h) generiert?

Busse und Lkw sind ja von diesen Tempolimits ja nicht betroffen. LKW dürfen max. 80 km/h auf Autobahnen fahren, Busse sind mit maximal 100 km/h dabei. Und jeder PKW oder Kleintransporter mit Anhänger und auch viele der schönen, neuen Wohnmobile sind von den genannten Limits heute schon betroffen. Wer das nicht glaubt, möge unter „Straßenverkehrsordnung - STVO bzw. Straßenverkehrs Zulassung Verordnung - STVZO" im Netz nachsehen oder sich Nachhilfe beim Fahrlehrer seines Vertrauens geben lassen.

Ich könnte wetten, der *Mehrverbrauch* durch das wenige, selten mögliche Fahren mit mehr als Tempo 130 ist im Verhältnis zum gesamten Energieverbrauch für das genannte Transportvolumen unserer Republik ein winziger Fliegenschiss im Promillebereich. Und es ist ja nur dieser Mehrverbrauch, der ökologisch ins Gewicht fällt. Noch interessanter wird diese Zahl unter der genannten Betrachtungsweise, wenn wir als Basis das globale Transportvolumen nehmen würden!

Er gäbe eine Alternative zum Energiesparen, bei eben diesem genannten Transportvolumen:

Das Zauberwort heiß *Vergleichmäßigung* des Verkehrsflusses! Das bedeutet nicht, das der Autofahrer, der Bus, der LKW in der Stadt immer und überall Vorrang vor Radfahren, Fußgängern usw. hat. Aber das Anfahren, das Beschleunigen und das Abbremsen sind die größten Energiefresser! Und wenn ich auf einer „grünen Welle" durch die Stadt rolle, verbrauche ich die geringste Menge Energie, verursache ich die geringsten Lärmemissionen! Was haben wir gewonnen, wenn wir über die schöne, breite Straße mit „Tempo Dreißig" tuckern und alle paar Meter wegen einer roten Ampel anhalten und ein paar Sekunden später erneut anfahren müssen? Bremsen ist im Normalfall nichts anderes als investierte Energie in unnütze Wärme umwandeln. Ein paar der wichtigsten Faktoren beim Energieverbrauch sind Rollwiderstand, Luftwiderstand, Beschleunigungswiderstand. Ist doch logisch, wenn ich nicht beschleunigen muss, habe ich einen Widerstand weniger und brauche weniger Energie. Gleiches gilt für das ersparte Beschleunigen. Ist das zu viel Physik für unsere Mandatsträger in ihren Bürotempeln?

Aber die Unfallzahlen! Die grässlichen Unfälle! Ich höre es aus allen Ecken! Ja, insbesondere auf den Autobahnen gibt es grässliche Unfälle! Ich habe mehr als fünfunddreißig Jahre meines Berufslebens durch den Außendienst dort verbracht! Und wunderschöne Fahrten erlebt und grässliche, schaurige Szenen mit ansehen müssen. Ja, es gab mal den einen oder den anderen Unfall wegen viel zu hoher Geschwindigkeit, jeder davon, jeder Unfall an sich ist einer zu viel. Öfter, viel öfter schon, habe ich Unfälle miterleben müssen wegen nicht angepasster Geschwindigkeit. Grässliche Unfälle! Das war dann ein Rauschen im Blätterwald der Medien!

Aber: nicht angepasste Geschwindigkeit ist doch etwas ganz anderes als Tempo hundertdreißig Km/h oder mehr! Oft selbst erlebt. Bei Glatteis, bei Nebel, bei Starkregen kann schon Schrittgeschwindigkeit auf der Straße zu viel sein.

Die meisten Unfälle, die grässlichsten Bildern, die wirklichen Schreckensszenen, die Horrorszenen, die sich eingebrannt haben, das sind und waren die LKW-Unfälle auf der Autobahn!  PKW und auch Transporter zu einem undefinierbaren Knäuel aus Blech, Glas und oftmals Blut zerquetscht! Diese Unfallart gab es oft, manchmal fast täglich. Unsere Polizisten, Sanitäter, Feuerwehrleute kennen das zur Genüge!

Und mit einem Tempolimit auf der Autobahn verhindere ich keinen Auffahrunfall durch einen LKW, keinen einzigen! Und ich verhindere damit auch nicht, dass ein Radfahrer vom rechts abbiegenden LKW in der Stadt, im Dorf platt gewalzt wird! Ich will damit bewusst _NICHT_ den Berufsstand des Kraftfahrers in Misskredit bringen! Die haben es wahrlich nicht leicht. Mit den Arbeitsbedingungen und Entlohnungen möchte ich, möchten viele, nicht tauschen wollen!

Hier sind völlig andere Lösungsansätze gefragt: Fangen wir bei uns selber an: Müssen wir alles und jedes bestellen,

genügt nicht der (Fuß - oder Rad) Weg zum Laden um die
Ecke? Schwerlastverkehr über die Fernstrecke gehört auf die
Schiene (das gilt nicht für den LKW, der beim Bauern die
Milch einsammelt oder den Beton auf die Baustelle fährt). Die
Berufskraftfahrer brauchen hinreichende Rastplätze. Es
genügt nicht, Lenkzeiten und Pausen vorzuschreiben. Sie,
diese Lenkzeiten und Pausen, müssen auch technisch
machbar sein!  LKW müssen so ertüchtigt werden, dass
Auffahrunfälle zuverlässig vermieden werden. Ohne die
Möglichkeit, diese Schutzssysteme zu manipulieren. Es
braucht intelligente Verkehrssteuerung! Nicht jeder ist
vernünftig genug, bei Nebel, Schnee, Regen usw. das Tempo
entsprechend anzupassen. Und diese Regeln, diese
Vorschriften und Gesetze, die müssen auch entsprechend
kontrolliert und „just in time" sanktioniert werden. Ich betone
nochmal, nichts gegen Berufskraftfahrer. Aber auch unter
denen gibt es die berühmten schwarzen Schafe, wie überall.
Diese schwarzen Schafe meine ich, die vielleicht aus der
wirtschaftlichen Not heraus mit einem verlotterten, halb
verfaulten Exemplar von LKW die Brötchen für ihre Familie
verdienen *müssen*. Die armen Kerle, die tagelang, manchmal
über Wochen ihre Familie nicht sehen. Die mich in meinem
PKW bei chaotischem Wetter, bei Sinnflutartigem Regen,
Schnee oder Eis überholten! Deren Fahrtwind mich fast von
der Fahrbahn wehte, ins Schlingern brachte! Deren Gischt
mir auf viele, unendlich lange scheinende Meter die Sicht
nahm!

Eines darf bei dieser Betrachtung nicht fehlen: Wir sind ein
Land der Autobauer. Noch sind wir es, ich sehe noch nicht
die Alternative. Es hat schon einen sehr stark werbenden
Charakter für unsere Automobilindustrie, wenn es heißt: man
könnte ja schneller fahren…

Es wäre doch allen geholfen, wen wir diese Diskussion mal
versachlichen! Einfach mal nüchterne Fakten sprechen
lassen. Ich selbst lasse mich gerne von einem intelligenten,
der Witterung und dem Verkehrsaufkommen angepassten
System leiten. Aber ich möchte, dass auch meine Kinder und

Enkel selbst entscheiden können, mit welchem Tempo sie bei bestem Wetter und freier Fahrbahn fahren.

Ein Tempolimit um des Limits willen, aus Neid, aus dem Prinzip des „dagegen sein", das ist politische Instinktlosigkeit, keine Lösung.

*Lasst uns alle bitte sachlich: Weiterdenken…*

## 4.  Soziales

Und was hat das nun mit dem Klimawandel zu tun? Die
Antwort ist einfach: der erforderliche Transformationsprozess
wird uns allen mit einer nie dagewesenen Brutalität in die
Taschen greifen! Und das nicht nur für so ein paar Jährchen.
Es wird lange dauern, bis wir die erste Tonne grünen Stahl zu
wettbewerbsfähigen Preisen vermarkten können. Und bei
Zement wird das nicht anders sein, um nur zwei Beispiele zu
nennen. Und da man jeden Steuercent nur einmal ausgeben
kann, entweder für das Verwalten *oder* für die Maßnahme „x"
muss auch konsequent *alles* auf den Prüfstand. Um zu
entrümpeln, zu verschlanken, zu vereinfachen, schlicht um
Kosten zu senken. Denn über Allem schwebt ja noch die
Frage: schaffen wir das? Dazu später mehr.

### 4.1.  Recht, Gesetz und Abgaben

Ja, auch diese Themen sind vom Klimawandel und seinen
Folgen betroffen! Jeder Cent, der hier durch neues, mutiges
und konsequentes Weiterdenken erspart wird, kommt der
Bekämpfung des Klimawandels und damit unseren Kindern
und Kindeskindern zu Gute!

Ach ja, die lieben Steuern, Gebühren und Abgaben! Gibt es
irgendeinen, der nicht darüber klagt?

Aber ich glaube, wir müssen viel früher anfangen. Es ist wohl
eine elementare Wesensart des Menschen, dass er Regeln
braucht! Und zwar, sobald wir Menschlein in einer Stückzahl
größer als Eins auf diesem Planeten herum latschen!
Sicherlich funktionierte das in der Frühzeit unserer
menschlichen Entwicklung ähnlich wie im Tierreich. Also mit
Gestik, Mimik, Gebrüll, kämpfen und ähnlichem. Keiner von
uns war dabei, aber wir können es uns ja sicherlich gut
vorstellen. Zumal es auch heute noch oft so zu erleben ist.
Irgendwann hat mal einer (oder eine) unserer Vorfahren die
erste Keule geschwungen, das Recht des Stärkeren war
geboren. Das muss aber eine suboptimale Lösung gewesen
sein, sonst hätten wir nicht die Rechtsstaatlichkeit (mehr oder

minder stark ausgeprägt), die für die westliche Hemisphäre auf diesem Globus oft typisch ist. Es gibt natürlich auch noch genügend Gesellschaften, die ihre Regeln anders gestalten, ihr „Miteinander" anders finden. Sollen sie, solange man mich damit in Ruhe lässt.

Aber, ich will ja hierbleiben, dass „Hier" betrachten. Eigentlich spielt es ja keine Rolle, ob wir bei Rot, Gelb oder Grün über die Ampel fahren. Solange alle das Gleiche tun. Wir haben uns halt darauf geeinigt, bei Grün zu fahren und bei Rot stehen zu bleiben. Funktioniert ganz gut (von wenigen Ausnahmen, wenn mal wieder einer die Farben verwechselt, abgesehen).

Also, wir brauchen Regeln, Gesetze, Vorschriften. Ergo ist ein Gesetz (oder eine Regel usw.) ein Konstrukt, welches das Zusammenleben / Agieren des Einzelnen mit der Gruppe (das ist z.B. die Gesellschaft) regelt. Dabei spielt es keine Rolle, ob der Einzelne (oder die Gesellschaft) eine natürliche Person (wie Max Meier, Lieschen Müller) oder eine juristische Person (wie die Aktiengesellschaft, die GmbH usw.) ist.

Gewalt geht vom Staat aus (die berühmte Polizeigewalt beispielsweise, aber auch der Einzug von Steuern oder ähnliches). Der Staat, das Volk, das sind wir, die Bürger. Und alles, jeder und jede, die irgendwo in irgendeiner Amtsstube den Sessel befurzt, sich mühsam durch unsere Steuererklärung quält, Strafzettel verteilt, auf internationalem Parkett Händchen schüttelt, das sind alles Staatsdiener. Also sie sind nicht Selbstzweck, nicht elitäre Kaste ohne Bodenhaftung, sind kein selbstherrliches Etwas. Nein, ihre Berufsbezeichnung sagt es schon aus, Beamte und Angestellte des Staates und seiner Institutionen sind Staatsdiener!

Sie *dienen* dem Staat. *Und der Staat - das sind wir, die Bürger.*

Sie dienen somit dem Bürger, in dieser Reihenfolge, nicht irgendwie ein bisschen anders! Jeder einzelne von uns

Bürgern ist Teil des Staates. Für alle die Bienenfleißigen in den Amtsstuben, aber auch für die etwas weniger Bienenhaften gilt, sie dienen dem Bürger! Manchmal denke ich, bei manchen wäre es gut, wenn das Wort „Dienen" mit flammenden Lettern in den Schreibtisch eingebrannt wäre. Und wir Bürger täten sicherlich oft gut daran, den uns gegenüber Sitzenden oder stehenden Staatsdienern diese Reihenfolge, diesen Stellenwert zu verdeutlichen.

Und daraus erwächst nach meiner Meinung etwas Elementares, etwas, das nach meiner Sicht der Dinge in großem Maße verloren ging! Gesetze, Regeln und Vorschriften sind vom Staat (also den Bürgern) für den Bürger! Sie müssen zum Wohle des Bürgers, in seinem Sinne, gestaltet werden. Sie sind von allen Beteiligten (also vom Bürger *UND* vom Staatsdiener) mit Respekt und Achtung zu behandeln!

Sie, diese Regeln usw. sind nie Selbstzweck, sie können auch nie den letzten Einzelfall regeln oder technische Weiterentwicklungen umfassend und vorausschauend darstellen. Damit wird nach meiner Sicht auch klar, dass der einzelne Staatsdiener auch eine Pflicht zur Nutzung eines Ermessensspielraumes im Sinne des betroffenen Bürgers hat. Und es wird vor allen Dingen klar, dass damit ist auch der nach meiner Meinung selbstverständliche Anspruch auf eine Bürgernahe, einfache und verständliche Sprache begründet wird! Wenn ich mir heute auch nur ein Hemd schicken lasse oder so, dann bekomme ich Seitenlange, allgemeine Geschäftsbedingungen mitgeschickt.  So klein gedruckt, dass ich mir 'ne Lupe dazu bestellen muss, um das Geschwurbel zu entziffern. Verstehen tue ich das sowieso nicht mehr. Und wenn ich dann drei Anwälte mit der Prüfung und Erläuterung beauftragen würde, dann erhielte ich hinterher sicherlich mindestens vier Meinungen zur Auslegung und Interpretation des Ganzen! Die aber nicht unbedingt auch noch die Sicht eines Gerichtes wieder spiegeln müssen! Leute, geht` s noch?

*Bitte mal: Weiterdenken!*

Liebe Politiker, liebe Juristen: nicht ihr müsst unter Gehirnwindungskrämpfen die Gesetzestexte und ähnliches verstehen, diese Texte müssen für das Volk (denn von dem gehen sie aus) verständlich sein! Macht doch eure Arbeit mal ordentlich, formuliert einfach, klar und zweifelsfrei!!

Verbrecher werden laufen gelassen, weil die Justiz überfordert ist. Verfahren können sich über Jahre hinziehen. Wer seine Oma umbringt und nachweisen kann, dass diese ihn beim Nasepopeln als Kind schief angesehen hat, bekommt mildernde Umstände. Wenn ich die Parkzeit überschritten habe, weil der Zug mal wieder fünf Minuten Verspätung hatte, das interessiert dann niemanden, da gibt es die volle Dröhnung der Judikative! Da vernichten Besoffene oder von Rauschmitteln zugedröhnte oder im Rausch der Geschwindigkeit befindliche unter Missbrauch des wunderbaren Fortbewegungsmittels Automobil ganze Familien, und hinterher sind die Befindlichkeiten eben dieser Bekloppten wichtiger als das Leid der Betroffenen! Täterschutz hat hier anscheinend mehr Stellenwert als das Leid, der Schutz der Opfer!

Der Täter war doch derjenige, der ohne Zwang, aus freien Stücken die Regeln der Gesellschaft verlassen hat! Der signalisiert hat, eure Regeln interessieren mich nicht. Aber wird er dann dingfest gemacht, sollen eben genau diese Regeln zuallererst auf ihn, den Täter in höchstem Maße zur Anwendung kommen! Und danach erst kommt das Opfer? Ja geht` s denn noch? Ich rede hier weder von Prügelstrafe noch von Todesstrafe, ganz bestimmt nicht! Denn die wäre garantiert nicht revidierbar. Aber es sind doch die Opfer, die sich an die Regeln gehalten haben, die betroffen sind, und denen müssen doch zuallererst die Fürsorge und der Schutz unserer gemeinsamen Instrumente, das sind Legislative, Judikative, Exekutive, gelten!

Das Volk, der Staat, das sind wir, die Bürger. Es sind unsere Regeln, unsere Rechte und ebenso unsere Pflichten. Und es sollte die höchste Aufgabe der Legislative, der Judikative, der Exekutive sein, diese Regeln so einfach, so verständlich wie möglich in der Sprache des Volkes zu gestalten. Vom Volk, für das Volk! Einfach, klar und zweifelsfrei eindeutig. Und in dem Wissen, das eine Regel, ein Gesetz nie Vorausschauend sein kann, nie alle Eventualitäten abdecken kann, braucht es auch Spielraum für individuelle Entscheidungen. Und eben diese individuellen Entscheidungen müssen die Behörden und Ämter dann auch leisten, immer im Sinne des Ganzen, zum Wohle des Volkes! Auch diese Entscheidungen dann in der Sprache des Volkes, im Sinne des Volkes, zweifelsfrei, unmissverständlich und immer im Sinne des Bürgers. Verwaltung ist nicht Selbstzweck zur Arbeitsbeschaffung!

Auch beispielweise eine mutige, klare, überschaubare, zeitnah agierende Justiz könnte durch mehr Effektivität einen signifikanten Beitrag zur Bekämpfung des Klimawandels leisten! Auch sie ist Teil des gesamten Systems Staat!

Geht nicht, geht so gar nicht, ich höre schon diesen Schrei der Entrüstung!  Gerne mal ein paar Beispiele für Absonderlichkeiten in unserem Rechtswesen:

Wer die Musik bestellt, bezahlt. Logisch. Lasse ich meine Heizung, mein Auto reparieren, ich bin der Auftraggeber, ich zahle. Auch wenn ich das Auto zwischenzeitlich weiterverkauft habe. Oder wenn ich die Heizung reparieren lasse, dann die Hütte verscherbele und dann kommt die Rechnung. Ich muss zahlen, zu Recht. Anders sieht es jedoch aus, wenn die Gemeinde die Straße vor meiner Haustür flickt oder ausbaut. Dann kann es ja dauern, bis die Rechnung kommt. Aber, dann zahlt ja der, in dessen Eigentum sich das Haus zum Zeitpunkt der Rechnungserstellung befindet. Auch, wenn das Haus in der Zeit zwischen Maßnahme (Straßenreparatur beispielsweise) und Rechnungserstellung vielleicht (sogar mehrfach) verkauft wurde. Muss ich so etwas verstehen?

Oder ich kaufe mir ein Auto. Mit einer bestimmten Schadstoffklasse. Danach richtet sich die Fahrzeugsteuer. Einverstanden, auch wenn es bessere Lösungen gäbe. Mit der Anmeldung schließe ich nach meiner Meinung auch einen Vertrag mit Väterchen Staat. Ich habe ein Gefährt mit bestimmten Eigenschaften erworben, ich will damit Eigentum aller Bürger (also des Staates) nutzen, die öffentlichen Straßen und Wege und Plätze. Und dafür zahle ich Gebühren in Form von z.B. Kraftfahrzeugsteuer, Mineralölsteuer, Mehrwertsteuer usw. Und dann kommt Väterchen Staat nach ein paar Monaten oder Jährchen, ändert mal eben die Bedingungen (also die Einstufung in die Schadstoffklassen) und ich muss mehr zahlen oder darf mein Vehikel gar nicht mehr nutzen! Da hat doch wohl jemand einseitig und quasi rückwirkend die Vertragsgrundlage geändert!

Geht es noch besser, noch verrückter? Ja, vertieft euch mal ein klein wenig in das Thema nachgelagerte Besteuerung! Allein schon bei dem Begriff bekomme ich Gehirnwindungskrämpfe!

Beispiele: wir sollen ja alle etwas Zusätzliches für unsere Altersvorsorge tun, weil unser Staat (im Gegensatz zu unseren Nachbarländern wie Österreich, Schweiz, Luxemburg beispielweise) dieses nicht so richtig gut hinbekommt. Im vergangenen Jahrhundert haben Arbeitnehmer dann z.B. steuerbegünstigt Lebensversicherungen (sog. Direktversicherungen) abgeschlossen, um im Alter mal ein Scherflein mehr zu haben. Dann kam Ulla Schmidt, eine Gesundheitsministerin. Deren Kassen waren leer. Schwups, wurden alle Zahlungen, nicht nur die Zinsgewinne, aus den genannten Versicherungen der Sozialversicherungspflicht unterworfen. Ähnlich funktioniert das jetzt mit den Riesterverträgen. Also: solange der Mensch arbeitet und ein paar kleine finanzielle Reserven hat, gewährt man ihm einen steuerlichen Vorteil, damit er privat für sein Alter vorsorgt. Und wenn er dann im Alter Dank seiner klitzekleinen Rente über jeden Cent im

Geldbeutel froh ist, dann holt man sich diese gewährten Steuervorteile wieder zurück!

Leiden da irgendwelche Menschen über Exkrement-Ablagerungen in ihrer Nervenzentrale?

Man gewinnt den Eindruck, die Justiz ist ein Spielfeld von hochrangigen Experten, die mit anderen, ebenfalls hochrangigen Experten der gleichen Zunft agieren. Dass "vom Volk", dass „für das Volk", dass „im Namen des Volkes" verkommt dabei zur Farce. Manchmal möchte man diese ganze Gilde durch zufällig auf begrenzte Zeit gewählte Bürger ersetzen!

Und wo ist da der Zusammenhang zum Klimawandel zu sehen? Nun, der Klimawandel ist da! Wer ehrlich ist zu sich selbst, macht sich schon Gedanken über die Zukunft. Insbesondere die Zukunft unserer Kinder, Enkel usw. Also ist es erforderlich, dass der Staat, die Regierung (die Interessenvertretung aller Bürger) neue Spielregeln aufstellt, neue Rahmenbedingungen schafft. Aber wenn alle diese neuen, erforderlichen Regeln nur zu einem *noch weiter* ausufernden Bürokratiemonster führen, dann ist das doch der falsche Weg! Wenn doch die notwendigen Gesetze, Regelungen und ähnliches einfach und klar in ihrer Struktur sind, einfach zu verstehen und anzuwenden wären! Den Euro an Steuereinnahmen gibt es immer nur einmal, je mehr davon in den gierigen Schlünden irgendwelcher Verwaltungs- oder Hierarchiemonster verschwindet, umso weniger bleibt doch für die betroffene Maßnahme übrig!

Noch oder genauso fatal, wenn die Regierenden blind auf eine singuläre Technik wie die E-Mobilität setzen, ohne die Auswirkungen auf die Arbeitsplätze, die finanzielle Existenz des Einzelnen usw. umfassend genug zu berücksichtigen! Wenn sie dadurch intelligente Brückentechnologien verhindern oder diese innovativen Lösungen vielleicht sogar zum Abwandern in ein fremdes Land, auf einen anderen Kontinent zwingen! Sie, die Regierenden, sollen einfache, klare, transparente Rahmenbedingungen schaffen damit im freien Wettstreit der Kräfte am Markt die schnellsten, besten, nachhaltigsten und kostengünstigsten Lösungen den Sieg erringen!

Bei alle dem genannten- von Werten wie Vertragssicherheit, Nachhaltigkeit usw. brauchen wir doch so wohl erst gar nicht zu reden!

Und weil wir nur kurze Zeit auf diesem Planeten weilen, haben wir Bürger auch ein Recht, mit allen unseren Sorgen und Ängsten gehört zu werden!

*bitte: Weiterdenken…*

## 4.2. Steuern

Und die lieben Steuern? Ich würde sie gerne zahlen, wenn ich den Eindruck von Gerechtigkeit hätte. Aber ich habe den Eindruck, unten, beim Volk werden Wasser und trockene Brotbrösel in homöopathischer Dosis verteilt, oben gibt es stattdessen die doppelt getrüffelte Champagnerdusche!

Und überhaupt – was hat das mit dem Klimawandel zu tun – wo ist denn hier der Zusammenhang? Nun, je mehr man sich mit dem Thema beschäftigt, umso mehr Fragen stellen sich, umso mehr Missstände zeigen sich. Das Ausmaß des Schadens am Planeten wird immer deutlicher. Wir müssen als Menschheit viele, viele Maßnahmen treffen, und wir in Deutschland wollen ja augenscheinlich Vorreiter sein. Viele Maßnahmen bedeuten jedoch auch hohe Kosten. Bedeuten höhere Preise, höhere Steuern. Einmal volltanken und ins Portemonnaie schauen, schon ist alles klar!

Daher bin ich der Meinung, wir brauchen ein entrümpeltes, einfaches, dem Bürger verständliches Fiskalsystem. Wenn die Lieben in Berlin abends die nächste Steuer- oder Abgabenerhöhung verkünden, dann sollte, dann muss der normale Bürger in wenigen Minuten ausrechen können, was das in der Haushaltskasse bedeutet.

Darüber hinaus ist zu bedenken, jeder Cent an Steuern kann nur einmal ausgegeben werden. Was in der Verwaltung hängen bleibt, steht für Projekte, Lösungen nicht zur Verfügung. Ja, auch ich höre sogleich das Argument „wir können doch nicht alle Finanzbeamten entlassen". Soll ja auch keiner. Es gäbe bestimmt eine Übergangsfrist. Ausscheiden aus dem Dienst wegen Alter oder Erkrankung. Andere Aufgaben wie das nachverfolgen von Steuersünden usw. Man müsste es irgendwie wirklich wollen.

Blicken wir ein wenig zurück. In der Generation meiner Eltern, so kurz nach dem Krieg, da war alles im Aufbruch. Arbeit gab es genug, aber ein einfacher Arbeiter, ein Schlosser, ein Maler, ein Kaufmann aus Tante Emmas Laden, sie alle konnten eine Familie ernähren, sie konnten sich Kinder leisten. Und ein Häuschen bauen. Natürlich auf Pump, Hypotheken gab es auch damals schon. Aber während die Schuldenhöhe für das fertige Häuschen nicht weiterwuchs, gab es Jahrein, Jahraus einen Inflationsausgleich. Einfach netto mehr Geld in der Lohntüte. Und nach Fünf oder Zehn Jahren hatte die Schuldenlast in Relation zum monatlichen Einkommen einen ganz anderen, wesentlich niedrigeren Stellenwert! Da konnte der Maurer, der Schmied, der Dachdecker, selbst die Krankenschwester ihr Häuschen bis zur Rente mit ruhigem Gewissen abbezahlen!

Dieses System haben unsere Regierenden spätestens mit Hartz IV über den berühmten Haufen geworfen. Man braucht nur mal ein wenig zu „internetten", um festzustellen, dass mittlerweile eine gewaltige Umverteilung von unten nach oben stattfindet bzw. schon stattgefunden hat.

Ich habe ja nichts gegen Steuern. Sie sind ein elementarer Teil des Staatswesens, begleiten uns von der berühmten Wiege bis zur Bahre. Sie sind ein ständiger Austausch zwischen der Gemeinschaft (dem Staat) und dem Einzelnen (dem Bürger). Bevor wir das Licht der Welt erblicken, erbringt der Staat (finanziert aus Steuern, Gebühren, Abgaben) Vorschussleistungen für uns und unsere Eltern. Vorschussleistungen wie beispielsweise  medizinische Versorgung der werdenden Mutter, Infrastruktur wie Straßen,

Krankenhäuser usw. Spätestens wenn wir uns den ersten Kaugummi, das erste Bonbon selbst kaufen, schließt sich der Kreis und wir geben dem Staat wieder etwas zurück, in Form von Steuern!

Betrachten wir doch mal Steuern im Kreislauf der Staatsausgaben. Ich bin kein Volkswirtschaftler, ich höre schon jetzt das hochtrabende, von explizitem Fachwissen geprägte Geschwurbel von Experten, die kein Laie – äh – Entschuldigung, normal begabter Bürger versteht. Die uns „Normalbürgern" mit der vollen Inbrunst des Sachverständigen mal wieder erklären, das einfache, verständliche und bürgernahe Regeln nicht machbar sind. Klingt logisch, je komplexer die Regel, desto teurer der Experte, der sie noch versteht. Je komplexer das Steuerrecht, das Steuersystem, umso leichter und tiefer kann man dem kleinen Mann in die Taschen greifen. Der kann sich keine Heerschar von Anwälten leisten, um Steuern zu sparen! Der kleine Mann freut sich doch schon, wenn er einen bezahlbaren und guten Steuerberater gefunden hat.

Je komplexer das System, desto mehr Experten braucht es zum Verständnis desselben. Wenn aber nur Experten das System verstehen, nur sie damit arbeiten können, wenn nur Experten das System reformieren, verändern usw. können, dann beschaffen Sie sich doch ihre Arbeit, ihre Pfründe selbst, oder nicht? Im Supermarkt kenne ich, kennen wir alle ähnliche Systeme, dort nennt man es „Selbstbedienung"!

Ich setzte mal voraus, kein vernünftig denkender Familienvater wird am Monatsersten erst mal die Spendenkassen ringsum befüllen, dann die Obdachlosen speisen und sonst was spenden um dann anschließend zu sehen, wie er seine Familie über die Runden des Monats bringt. Der müsste mit mehr als einem Klammerbeutel gepudert sein.

Nix anderes aber macht unser Staat. Ein paar Milliönchen da, ein paar Milliarden dort. Und – upps - tja, blöd gelaufen. Für die Kindergärten, für die Schulen, für die Straßen, die alten

Mütterchen, die Polizei, die Justiz, den Katastrophenschutz usw. usw. da fehlt das Geld hinten und vorne! Da muss man wirtschaftlich arbeiten! Siehe Gesundheitswesen, Kliniken usw. Da ist nicht die Gesundheit des Bürgers oberstes Ziel, nein es muss wirtschaftlich sein! Muss ich also demnächst, wenn ich mir 'nen Haxen breche, darauf achten, dass der Bruch auch „Leistungskatalogkonform" und wirtschaftlich ist?

Ja, und da gibt es doch auch noch irgendwie die berühmte schwarze Null, die muss ja auch noch gestaltet werden! Oder ist die „schwarze Null" nur ein Sinnbild für das finstere Loch, in das der Normalbürger beim Anblick seiner Lohntüte oder seines Rentenbescheides stürzt? Irgendwie, wieder nicht weit genug gedacht?

Ist es wirklich so schlimm, wenn der Staat (also die Vertretung von uns Bürgern) mal richtig Geld für eine Maßnahme in die Hand nimmt? Versuchen wir` s mit einem simplen Beispiel (ohne Anspruch auf Vollständigkeit):

Unser Staat zahlt eine Rechnung von eintausend Euro brutto an den Handwerker Meiermachtsgut, der Fenster in der Schule repariert hat. Davon fließen schon mal rund hundertsechzig Euro in Form der Mehrwertesteuer ans Finanzamt (= den Staat) zurück. Von den dreißig Euro Benzin, die Meier verfahren hat, fließen rund zwei Drittel in Form von Mehrwertsteuer und Mineralölsteuer an den Fiskus zurück. Meier zahlt seinem Gesellen Lohn, entrichtet darauf Sozialabgaben (die teils in die Rentenkasse fließen) und der Geselle zahlt Lohnsteuer. Handwerker Meier bezahlt seinerseits seine eingekauften Materialien (dort, beim Lieferanten, wiederholt sich das Spiel mit Steuern usw.). Irgendwie bleibt auch bei Hr. Meier noch was in der Kasse hängen, der Gewinn! Und ratet mal, auch der ist zu versteuern. Und wenn Herr Meier und sein Geselle dann mit ihrem „Netto" nach Feierabend auf die gelungene, schöne Arbeit irgendwann ein Bier trinken oder einkaufen, was ist dann wohl im Bierpreis oder im Einkauf des Bierchens enthalten- Steuern!!!

Ich will damit nur sagen, nach meiner Meinung fließt das vom Staat investiertes Kapital doch weitestgehend an eben diesen Staat zurück!

Ach so, es sei denn, man hat ganz tollen Regeln zugestimmt, wonach Staatsausgaben bestimmter Art und Größe Europaweit auszuschreiben sind. Dann gibt der eine Staat halt das Geld aus und in den Wirtschaftskreislauf eines anderen Staates fließt es zurück. Upps!

Hm, das haben wir Bürger doch ganz bestimmt so gewollt, das hat man uns doch schon in der Schule oder spätestens mit den Nachrichten oder in der Zeitung genauestens erklärt. Oder irre ich mich?

*Wie war das mit dem: Weiterdenken?*

Es gab schon Experten, die hatten die Vision vom Bierdeckel. Der sollte ausreichend groß sein, damit Lieschen Müller ihre Steuererklärung darauf abgeben könnte. So schnell konnten wir Bürger gar nicht gucken, wie diese Experten (dieses Mal „Experte" positiv besetzt) politisch versenkt wurden! Ab damit in die Mottenkiste! Dabei hatten die noch gar nicht gesagt, ob sie vom Format des Bierdeckels für das Pilsglas sprachen oder den Bierdeckel für das Bierfass meinten!

Natürlich bin ich kein Mathematikwissenschaftler, der alles und jedes berechnen kann. Und ich will mit meinen Gedanken auch nicht den Anspruch auf umfassende Vollkommenheit erheben. Und den Anfall von Klugscheißeritis möchte ich auch vermeiden. Aber, wie wäre es z. B. damit:

Wir sind ein Sozialstaat *und* ein Solidarstaat! Keiner soll durch dieses soziale Netz fallen, keiner soll Hunger leiden. Jeder soll bitte ein vernünftiges Dach über` m Kopf haben und auch am gesellschaftlichen Leben teilhaben. Dafür gibt es eine *Existenssicherung* (über die Begriffe mag streiten, wer will), ähnlich Harz IV heute. Diesen Anspruch hat jeder Bürger auf Lebenszeit. Dafür hat der Empfänger etwas zu leisten (für die Solidargemeinschaft, den Staat). Ob es das Hecken schneiden im Park, Straße fegen, Mülleimer in der Schule leeren ist, Windeleimer im Altenheim leeren, egal. Und wer nix schaffen will, der bekommt halt mal nix. Solange er nicht aus wichtigem Grund verhindert ist. Wichtig kann das Studium oder die Lehre sein, eine Krankheit, eine Behinderung, der Familienstand, die Pflege in der Familie oder ein bestimmtes Alter (der Rentenstand). Wer sich dieser Leistungsanforderung entzieht oder widersetzt, der muss halt eben Repressalien ertragen. Ich würde es auch sehr begrüßen, wenn dieser Gedanke des fairen Gebens und Nehmens mal wieder in den Vordergrund gerückt werden würde, bei der Erziehung angefangen und in der Schule noch lange nicht aufgehört!

Wer dann arbeitet, der muss deutlich mehr haben! Der Mindestlohn muss so gestaltet sein, dass Arbeit sich auch lohnt! Das ein Familienvater mit seiner Hände Arbeit am Monatsende genügend Geld in der Tasche hat, um seine Familie einen weiteren Monat durch zu füttern, Miete, Kino, Buch usw. inklusive. Und es muss dabei völlig egal sein, ob wir uns im Osten oder Westen der Republik befinden, ob wir Männlein oder Weiblein oder was auch immer sind!

Nun mag sich jeder selbst Gedanken machen, was angemessene Existenzsicherung für den einzelnen Menschen bedeuten könnte. Dann packt man für eine Vollzeitstelle (meist um hundertsiebzig Stunden im Monat) noch mal ordentlich ein paar Euro netto pro Arbeitsstunde oben auf die Existenssicherung drauf, danach kann man sich den erforderlichen Mindestlohn mal wenigstens ungefähr vorstellen und hat damit zugleich die Summe für das *Grundeinkommen*.

Dazu müsste man sich aber mal das Steuersystem vorknöpfen. Mal ehrlich, wozu brauchen wir Lohnsteuer, Einkommenssteuer, Gewerbesteuer, Kapitalertragssteuer usw. usw. Es geht doch den Staat einen feuchten Dreck an, wie und womit wir unsere Brötchen verdienen! Solange wir dieses Verdienen bitteschön auf redliche Art und Weise tun! Steuern und Abgaben an den Staat, für die gemeinsamen Aufgaben ja, dazu stehe ich. Aber letztendlich ist es doch ein Topf, in den alles hineinkommt und aus dem es wieder fließt!

Kein gesunder Mensch käme auf die Idee, das Wasser, die Nudel, das Gemüse in einzelnen Töpfen zu kochen um es dann auf dem Tisch zur Suppe zusammen zu schütten und dann an die Lieben am Tisch zu verteilen. Genauso funktioniert aber unser Steuersystem!

Also könnte man doch mal an Nachstehendes denken (und über die Begriffe und Summen mag man diskutieren):

Da immer mehr produktive Arbeit durch Robotik, Automatisation und ähnliches entfällt, braucht es eine Kompensation auf dem Arbeitsmarkt. Die Roboterleistung müsste ähnlich wie die menschliche Leistung besteuert werden. Das sollte die Hinwendung zu mehr sozialen Berufen ermöglichen, der Mensch ist unser höchstes Gut. Vielleicht müssen auch einfache Berufe, einfache Aufgaben mal wieder eine andre Wertschätzung erfahren. Der Busfahrer ist für die Gesellschaft genauso wichtig wie der Arzt, der Müllwerker trägt zur Gesundheit der Bürger bei und ist genauso wichtig wie der Topmanager. Es braucht aber auch unbedingt die Absicherung aller Bürger nach unten, das wäre für mich die Existenssicherung.

Diesen Anspruch auf Existenssicherung hätten in meinem Modell alle Erwachsenen uneingeschränkt. Ebenso gilt der Anspruch auf Existenssicherung für die ersten beiden Kinder einer Familie: ab dem dritten Kind betragen sie 90%, ab dem vierten Kind 80% (usw.), ab dem 7. und für jedes weiter Kind gibt es dann nur noch 50% der Existenssicherung. Damit ließe sich trefflich die Reproduktionsraten fördern und steuern! Zwei Kinder pro Familie sind ja global, volkswirtschaftlich usw. durchaus erstrebenswert. Kinder können auch mal etwas von den älteren Geschwistern nutzen. Schule und Lernmittel sind bis zur ersten, abgeschlossenen Berufsausbildung komplett frei. Volljährige

Kinder haben nach diesem Modell dann ebenfalls uneingeschränkt Anspruch auf die Existenssicherung, damit hätte sich dann auch die BAföG *) Krücke erledigt.

Wer also Vollzeit arbeitet, hat demnach mindestens „X" Prozent mehr Einkommen als die *Existenssicherung*, er hat dann ein „*Grundeinkommen*". Wer Teilzeit arbeitet, verdient entsprechend weniger, hat entsprechend geringerer Ansprüche. Er liegt dann irgendwo zwischen Existenssicherung und Grundeinkommen mit seinen Einkünften. Sowohl Existenssicherung als auch „Grundeinkommen" bleiben frei von jeglichen Abgaben (somit keinerlei Steuern, keine Abgaben, keine Sozialbeiträge). Oder anders ausgedrückt: Eine Vollzeitstelle, vergütet mit dem bundesweit einheitlichen Mindestlohn ergibt ein Steuer- und Abgabenfreies Grundeinkommen.

Sämtliche Einkünfte, die dieses „Grundeinkommen" übersteigen, sind dann Abgabenpflichtig. Egal wie hoch diese Einkünfte ausfallen. Und egal ob diese Einkünfte aus Lohnarbeit, selbstständiger Arbeit, Zinsen, Aktien Zockerei oder woher auch immer stammen. Hier gibt es für alle einen einheitlichen, prozentualen Abgabensatz, mit dem sämtliche Abgaben an den Staat (also Steuern, Krankenversicherung, Rentenversicherung, Pflegeversicherung) abgegolten sind. Weil einfach jeder, der in diesem Staat seine Brötchen verdient, auch bitteschön eben diesen Staat mit zu finanzieren hat. Jeder bedeutet, der Arbeiter, der Angestellte, der Selbstständige, der Manager, der Mediziner, der Beamte, der Abgeordnete, ganz einfach alle, die in diesem Staat arbeiten! Hat den Vorteil, dass der Handwerker, der am Samstag Überstunden schruppt, damit die Baustelle fertig wird, am Feierabend genau weiß, wieviel er heute zusätzlich verdient hat. Und auch die Krankenschwester, die wegen Personalmangel zum wiederholten Male Überstunden schiebt, weiß, was am Monatsende herauskommt! Und wenn auch oben an der Spitze der gleiche *Prozentsatz* wie am untersten Ende der Einkommensskala einbezahlt wird, dürften die Beiträge unten bzw. in der Mitte der Gesellschaft deutlich sinken.

Und wer Existenssicherung bezieht und beginnt, hinzu zu verdienen? Sich dem ersten Arbeitsmarkt (welch ein Wortungeheuer) nähern will? Heute bleibt den Empfängern von HarzIV oftmals nicht genügend vom Hinzuverdienst übrig, um die Arbeitskleidung oder / und die Fahrtkosten zur Arbeit zu bezahlen. Könnte man einfach regeln. Empfänger von Existenssicherung könnten nach meiner Meinung unbegrenzt hinzuverdienen, auch hier egal, aus welcher Quelle diese Einkünfte stammen. *Aber:* überschreitet das gesamte Einkommen aus Existenssicherung und Hinzuverdienst das Grundeinkommen, so wird bei der (staatlich bereit gestellten) Existenssicherung entsprechend gekürzt. Fügt man dann noch einen Karenzbetrag ein, wird die Sache auch für die Verwaltung einfacher (Karenzbetrag: ein bis zweimalige Überschreitungen pro Jahr im vorstehenden beschriebenen Sinn bis zu beispielsweise 50.-€ / Monat werden nicht geahndet, da der Verwaltungsaufwand der Korrektur der Existenssicherung sicherlich deutlich mehr kosten würde).

Für eine Vermögenssteuer, dafür bin ich auch.

Mit dieser Steuer könnte man irgendwo beim zwei- bis dreifachen des Grundeinkommens beginnen. Und dann, bei dem Teil der Einkünfte, die *das Grundeikommen* um mehr als eine Million € *übersteigen*, auch wieder eine lineare Abgabe von Staats wegen verlangen. Bedeutet, die Abgabenlast ist für alle, die oberhalb des Grundeinkommens verdienen, irgendwann prozentual gleich. Und ab etwa einer Million Einkommen *über* dem Grundeinkommen geht es mit diesem in Prozent gemessenem Höchstsatz linear und unbegrenzt weiter.

 Ja, auch diese vermögenden Menschen haben das Recht, am Beginn des Tages zu wissen, was am Abend übrigbleibt.

Am Ende dieses Büchleins habe ich eine einfache Grafik zur
Verdeutlichung eingefügt.

Und für die Fahrt zur Arbeit, egal mit welchem Vehikel, gibt
es auf die Kralle Geld vom Staat! Auch wenn unser
Bundesumwelt Amt in eine andere Richtung denkt. Es ist ein
Aufwand, den der Einzelne betreiben muss, um arbeiten zu
können. Und daher ist er nach dem Gleichheitsprinzip von
den Kosten für diesen Aufwand frei zu stellen. Also Kohle bar
für jeden wirklich gefahrenen Kilometer, für jeden, auch für
den Topmanager und nicht nur für das Kunstkonstrukt des
Entfernungskilometers! Das gilt auch für den, der sich nur ein
paar Tage im Monat seine Existenssicherung aufbessert! Den
erforderlichen Tarif können Vereine wie AVD, ADAC *) und
ähnliche sicherlich trefflich ermitteln. Hilfe, wo soll das Geld
den herkommen, die schwarze Null! Ganz simpel, das wird
vorher in die Abgaben an den Staat eingerechnet. Dieses
System würde auch wieder alle gleich behandeln. Dem Staat
kann es doch egal sein, ob einer mit dem alten Drahtesel zu
Arbeit eiert oder ob er mit der Luxuskarosse vorfährt. Es gibt
für alle Menschlein für jeden tatsächliche gefahrenem
Kilometer den gleichen Tarif! Natürlich kann man, muss man
auch Obergrenzen einziehen, sonst fahren Oberschlaue
täglich von Hamburg nach München zur Arbeit!

Momentan ist die Kilometerpauschale nur Betrug an der
arbeitenden Bevölkerung! Da müssten dringendst auch mal
ein paar Ungereimtheiten beseitigt werden. Nehmen wir den
Weg zur Arbeit für einen beispielhaften, unterschiedlichen
Kreis von Personen und Aufgaben:

„Mäxchen Fleißig" ist im Außendienst, fährt mit seinem
privaten PKW für den Brötchengeber zum Zweck der Arbeit
zum Kunden von A nach B usw. Er bekommt vom erwähnten
freundlichen Brötchengeber dafür derzeit 35 Cent pro
tatsächlich gefahrenem Kilometer. Cash auf die Kralle (oder
besser, bargeldlos, weil nachvollziehbar für das Finanzamt,
auf' s Konto). Er muss damit den Kauf seines Autos, Steuern,
Versicherungen, Betriebskosten usw. bezahlen.

Der Brötchengeber, die liebe Firma „Pack` mers an"
wiederum gibt die so bezahlten Kilometer bei ihrer
Steuererklärung als Betriebsausgabe an. Spart dadurch
Steuern. Grob über den Daumen hat die Firma (oder ihr
Inhaber) damit eine Ersparnis (je nach Steuerfuchs ähm,
Steuerberater, Gesellschaftsform usw.) so um die Hälfte, also
etwa siebzehneinhalb Cent!

Noch besser wird die Rechnung beim Firmenwagen, am
besten beim Deluxe-Modell mit von innen beleuchtetem
Doppel-Auspuff: Die Mehrwertsteuer wird beim Kauf oder
Leasing erst mal steuerlich abgesetzt. Dann wird der
Wertverlust abgeschrieben, jede Tankrechnung, jeder Satz
Reifen sind Betriebsausgaben, auch die werden
abgeschrieben (meist spart der Unternehmer die Hälfte oder
mehr der angefallenen Kosten durch die Abschreibung).
Naja, zugegeben: für die private Nutzung müssen dann ein
paar Euro steuern vom Nutzer des Fahrzeuges entrichtet
werden. Aber wenn man auf dem Golfplatz den Kollegen
fragt, wie die Geschäfte laufen, dann ist das doch schon
wieder eine dienstliche Sache, oder etwa nicht?

Ich habe nix gegen Deluxe Dienstwagen. Länger, breiter,
fetter, mir egal. Noch mehr PS, mir auch egal. Von außen
beleuchtete Innenspiegel, auch egal! Aber dann zahlt den
Spaß doch bitte aus eurer eignen Tasche, so wie Lieschen
Fleißig! Auch für euch gilt: aktuell fünfunddreißig Cent für
jeden Kilometer, der Rest ist Privatvergnügen!

„Lieschen Fleißig" als klassische Arbeitnehmerin ist da schon
deutlich schlechter dran. Sie kann in ihrer Steuererklärung
nur die *Entfernungskilometer* für den Weg zur Arbeit in ihrer
Steuererklärung ansetzen. Da aber niemand nur zur Arbeit
hinfährt und dann mit dem Hexenbesen zurückfliegt, ist das
wirklich doof! Lieschen kann also für den *tatsächlich
gefahrenen Kilometer* somit nur siebzehneinhalb Cent
steuerlich geltend machen (von den oben beispielhaft
genannten 35 Cent)! Und wenn sie dann unten in der
Lohnskala agiert, so beim Eingangssteuersatz um vierzehn

Prozent, tja dann! Dann bekommt sie doch mit ihrer Steuererstattung doch tatsächlich so knapp *ZWEIEINHALB Cent* pro Kilometer vom Staat ersetzt! Damit kannst du doch noch nicht mal ein altes Fahrrad unterhalten!

Aber, es geht noch besser. Noch beschissener sind aktuell diejenigen dran, die auf Grund ihres geringfügigen Einkommens netterweise gar keine Steuern zahlen! Beispielweise ein HarzIV Empfänger, der versucht, im ersten Arbeitsmarkt Fuß zu fassen. Solange der keine Steuern zahlt, bekommt er nämlich nix! Es lebe der Hexenbesen!

Weiter mit den netten neuen Steuern für die Reichen, die Superreichen usw. Was ist damit? Soll einer, der zwanzig Millionen im Jahr „verdient??" den gleichen Satz an Staatsabgaben zahlen wie Lieschen Fleißig? Nun, bei den im Abgabensatz enthaltenen Anteil der Sozialabgaben bin ich schon dafür. Ich habe dann auch kein Problem, wenn es dann für die daraus erwachsenden Spitzenbeiträge eine monatliche Höchstrente meinetwegen um Zehntausend Euro gäbe.

So ähnlich könnte man auch über Unternehmen, über Firmen denken. Wenn wir schon Europa haben, dann bitte mit einheitlichen Steuern und einheitlichen Sozialabgaben. Dann hören auch diese unsäglichen Handwerkerwanderungen auf, weil dann der Maurer im Osten der Europäischen Union (es heißt tatsächlich: *UNION!*) genauso viel die Stunde kostet wie im Süden oder Norden usw. Diese armen Menschen haben doch auch ein Recht darauf, nach getaner Arbeit den Feierabend im Kreis ihrer Familie zu genießen!

Ohne irgendwelche Steueroasen und Steuerschlupflöcher, die sie zum Broterwerb über Monate, oft Jahre in die Fremde zwingen. Für uns Bürger gibt es diese Steueroasen und Steuerschlupflöcher doch auch nicht! Und warum müssen unterschiedliche Rechtsformen in den Unternehmen unterschiedlich versteuert werden, der Euro, der am Ende übrigbleibt, ist doch auch der gleiche! Also hat doch den Staat eigentlich nur zu interessieren, was am Jahresende übrig ist. Das es vernünftige Regeln und Grenzen für Betriebsausgaben, Abschreibungen usw. braucht, ist ja wohl selbstverständlich. Aber z. B. an der Schraube der Lizenzgebühren, der Mieten für Immobilien beispielsweise, die heute oft zur Gewinnverschiebung in das steuerfreundliche Land „Steueroasien" oder nach „Absurdistan" dienen, an dem Schräubchen könnte man doch mal drehen.

*bitte: Weiterdenken…*


### 4.3. Rente

So, wie bisher, wird es nicht mehr lange weitergehen. Wenn unsere Altvorderen ein Loch im Strumpf hatten, wurde es geflickt. Beim nächsten Loch, genauso. Aber irgendwann hat man vor lauter Flicken den Socken nicht mehr erkannt. Dann wurde er aufgetrennt, stofflich verwertet (als Putzlappen) und es gab neue Socken. So ähnlich ist das mit unserer Rente. Vor lauter Wenn und Aber, vor und zurück blickt kein Normalbürger mehr durch.

Es könnte einfach sein. Alle zahlen ein, alle bekommen etwas. Egal ob Arbeiter, Angestellter, Beamter, Arzt, Spitzenmanager oder was auch immer. *OHNE!* Beitragsbemessungsgrenze. Immer schön pauschal den gleichen Prozentsatz vom Brutto!

Jeder bekommt mindestens mal die Existenssicherung. Und wer sein Leben lang gearbeitet hat, bekommt mindestens Rente in Höhe des Grundeinkommens. Und wer mehr verdient, mehr eingezahlt hat, der bekommt auch mehr. Gerne mit einem Deckel nach oben, und auch wenn dieser bei derzeit zehntausend Euro brutto im Monat liegen würde.

Und auch mit einer vernünftigen Anrechnung der Kindererziehungszeiten. Kinder auf dem Weg ins Leben zu begleiten ist kein Zuckerschlecken. Es ist ein Full-Time-Job, wenn man es richtig machen will. Und da Kinder die Basis unseres Staates sind, sie sind ja die zukünftigen Bürger und Wähler, gilt es das Aufziehen der Kinder auch entsprechend zu honorieren!

Und wie lange arbeiten wir? Ich kann diese Diskussion um das Renteneintrittsalter absolut nicht verstehen. Wenn wir Gerechtigkeit wollen, dann gibt es doch nur einen Weg:

Wir verständigen uns auf die Zahl der Arbeitsjahre. Fünfundvierzig Jahre Arbeit sind genug. Wer demnach mit Fünfzehn Lenzen seine Arbeit beginnt, der kann mit sechzig in Rente gehen. Er wird in aller Regel einen einfachen Job (oder auch viele davon) gehabt haben. Oftmals körperlich schwere, anstrengende Arbeit bei Wind und Wetter verrichten müssen. Dann hat man mit sechzig Lebensjahren genug gearbeitet. Und wer erst mit dreißig Jahren ins Berufsleben startet, der muss dann eben bis fünfundsiebzig arbeiten. Er wird in aller Regel den besser bezahlten Job gehabt haben, musste sich wahrscheinlich nicht körperlich plagen und abrackern bis zum Umfallen.

Jetzt höre ich das Heulen und Zähneklappern: der arme Mensch kann ja dann erst mit fünfundsiebzig in Rente gehen. Die wertvolle Lebenserfahrung und auch die Berufserfahrung kommen doch in aller Regel erst mit den Jahren! Oder hat schon mal jemand einen Berufsschüler mit fünfzig Jahren Berufserfahrung gesehen? Ich empfinde eine gleichlange *Lebensarbeitszeit* für alle als die gerechteste Lösung.

Man könnte ja eine Härteklausel (für alle) beifügen: der Renteneintritt kann individuell unter Abschlägen um bis zu zehn Jahre vorverlegt werden. Oder / und man rechnet alles, was nach der Schule an Lehre, Aus- und Weiterbildung vollzeitig geschieht, zu einem gewissen Prozentsatz als Anwartschaftszeit auf die Rente an. Dann können beispielweise zehn Jahre Studium wie fünf Jahre Rentenbeitragspflichtige Zeit gewichtet werden.  Damit würde die Verschiebung des Renteneintrittes in ein höheres Lebensalter durch eine lange, umfangreiche Ausbildung gemildert. Wer bis dreißig studiert (um im Beispiel zubleiben) der kann sicherlich auch einen Abschlag eher verkraften als die Friseuse oder der Straßenkosmetiker!

*bitte: Weiterdenken…*

### 4.4. Soziale Sicherungen

Das Thema geht weiter mit den sozialen Abgaben. Mir erschließt sich der Sinn nicht, warum wir z.B. ein solches Gestrüpp von z.B. Ortskrankenkassen brauche. Jede dieser Kassen hat ihre Geschäftsführung, ihr Sekretariat, Büros, Dienstwagen usw. Hat mal irgendjemand spaßeshalber ausgerechnet, was die Vorstände aller gesetzlichen Krankenkassen incl. Pensionen, Pensionsrückstellungen, Büro, Sekretariat, Dienstwagen usw. im Jahr kosten?

Es ist doch so- auf der einen Seite haben wir die Zahlenden, das sind die Bürger mit ihrer Arbeit, die Rentner mit ihren Beiträgen usw. Und auf der anderen Seite haben wir die Leistungsträger. Die Ärzte, Krankenschwestern, Apotheker usw. Und alles, was dazwischen an Verwaltung und Gestaltung sitzt, frisst Leistung (bedeutet, es kostet viel Geld). Und je differenzierter und vielfältiger wir verwalten, umso weniger bleibt für die Leistung übrig. Oder ist das ganze letztlich nur unter dem Deckmantel des Sozialen mal wieder ein Modell zur Bereitstellung von „High End" Arbeitsplätzen?

Ist das richtig, wenn die Verwaltung der geleisteten Arbeit letztendlich mehr kostet als die geleistete Arbeit selbst? Clever wie unser Staat nun mal ist, beseitigt er nicht die Ursache (er verschlankt nicht den aufgeblähten Apparat). Nein, er knechtet die Leistenden bis zum Erbrechen! Er schließt Kliniken unter dem Deckmantel der Wirtschaftlichkeit bis die Versorgung auf dem Lande kollabiert. Da gibt es dann tolle Pläne, wie z. B. im Ernstfall der Hubschrauber den Schlaganfallpatienten in die nur –zig Kilometer entfernte Klinik fliegt. Blöd daran ist halt, wenn Hubschrauber nicht bei jedem Wetter fliegen können. Und das Wetter richtet sich bis

lang auch nicht nach dem Gesundheitszustand der
Bevölkerung! Oder bekommen wir den Schlaganfall, den
Herzinfarkt dann, durch modifizierte Gene gesteuert, nur
noch bei schönem Wetter und während der
Normalarbeitszeit?

Und auch der Notarzt hat im Mittelgebirge bei Schneefall
auch so seine Probleme. Aber, Entschuldigung, ich habe
mich mal wieder vergaloppiert. Wenn der Hubschrauber nix
von den Planungen weiß und bei schlechtem Wetter nicht
fliegen kann, das sind dann doch sicherlich „NUR" die
bedauerlichen Einzelfälle. Für die Rentenkasse ein
Zahlungsempfänger weniger! Und den Notarzt vertrösten wir
doch bitte mit der geringer werdenden
Schneefallwahrscheinlichkeit! Wozu, verdammt noch mal,
haben wir den schließlich einen Klimawandel!

Für mich wäre das mal wieder ganz einfach zu stricken. Eine
allgemeine zentrale Krankenkasse für ALLE! Egal, ob
Beamter, Manager, Arbeiter, Rentner. Eine für alle
Bundesländer, die für jeden eine ausreichende
Grundversorgung auch mit Hilfsmittel wie Krücken, Brillen,
Zahnersatz nach aktuellem Stand der Technik sicherstellt.
Und alles, was darüber hinausgeht, das ist Sache einer
privaten Zusatzversicherung. Eine schlanke, effektive
Verwaltung. Und wenn ich im Ernstfall vom Chefarzt die
rundgeschliffenen Zuckerkörnchen hinten rein geblasen
haben möchte, bitte gerne! Aber das ist dann Sache meiner
privaten Zusatzversicherung.

Bedeutet aber auch, alle zahlen ein. Alle. Egal ob in die
Rentenversicherung, die Pflegeversicherung, die
Arbeitslosenversicherung, die Krankenversicherung. Alle
zahlen den (prozentual vom Brutto) gleichen Beitrag, ohne
Beitragsbemessungsgrenze. Nach oben hin können wir gerne
über eine *Deckelung der Leistung* reden. Aber der
Beitragssatz, in Prozent von steuerpflichtigen Einkommen,
sollte für alle (unbegrenzt von der Einkommenshöhe) gleich
sein! Denn wer in diesem Land arbeitet, Geld verdient, der

partizipiert auch von unseren sozialen, solidarischen Systemen. Ob es die Bereitstellung der Kliniken, die Ausbildung der Ärzte und Krankenschwestern, der Rettungsdienste ist, egal. Und wer am Jahresende meinetwegen Zehntausend Euro zu versteuern hat, der zahlt bitte den gleichen *Prozentsatz* wie der Spitzenmanager oder Banker, der mit …zig „verdienten" Milliönchen nach Hause geht! Und wenn`s dem Stressgeplagten Spitzenmanager nicht passt, wir sind ein freies Land, wir haben Reisefreiheit! Rein und raus sogar!

Wäre für mich mal ein Ausdruck der Solidarität. Vor allen Dingen, weil bei einem solchen Modell letztlich die Beiträge für die Leistungsträger der Gesellschaft, das heißt Handwerker, Krankenschwestern, den Mittelstand mit Sicherheit sinken würden.

Natürlich, ich bin kein Finanzwissenschaftler, kein Steuerexperte. Und das Thema ist viel zu komplex, um es hier auch nur ansatzweise zu beschreiben.

Aber, bin ich der einzige, der sagt: viel zu komplex, zu unverständlich, rational nicht nach zu vollziehen? Wir sind der Staat, wir, die Bürger. Dann muss doch bitte auch alles, was den Bürger betrifft, vom „normalen" Bürger verstanden werden können!

*bitte mal: Weiterdenken…*


## 4.5. Alterspyramide

Wenn man dieses Kapitel betrachten will, wo sind die Zusammenhänge, wo sind die Wiedersprüche? Was hat das nun wieder mit dem Klimawandel zu tun?

Nun, auch ohne wissenschaftliche Untersuchung im Hintergrund: wir haben den Klimawandel, ja. Das sagt mir der gesunde Menschenverstand. Das sagen mir die nahezu täglichen Meldungen in den Medien.

Und eigentlich sind schon jetzt viel zu viele Menschen auf diesem Globus, und dabei will ich keinem Menschen das Recht auf Dasein absprechen! Keineswegs, nie und nimmer!

Wie also den Überbestand an Menschen reduzieren? Früher, auch heute noch, ist das oft, viel zu oft noch ganz einfach der Krieg gewesen. Das ist für mich keine Lösung, wir leben im Jahr Zweitausendplus, nicht in der Steinzeit. Klar, ein bisschen Chemie oder Biologie, diskret und unauffällig, etwas Mikroplastik in unserer Nahrungskette, aber nein, auch das sind keine adäquaten Lösungen.

Jedoch, wie kommt das eigentlich, woher kann das kommen: Übervölkerung, Alterspyramide. Wo ist der Zusammenhang?

Nun, ich mutmaße. Ich mutmaße, dass, irgendwo in grauer Vorzeit, einer unserer Vorfahren merkte, im Alter geht das nicht. Nicht mehr so gut mit dem Fischen, dem Jagen, dem Sammeln usw. Und er hat gemerkt, es ist ja ganz nett, wenn die Jungen und Jüngeren für die Alten oder Älteren mitsorgen. Da aber bei den Jüngeren bzw. Jungen ein gewisser „Schwund" nicht zu umgehen war (bedingt durch vielleicht die Jagd, Krankheiten, Tod usw.) hat es sich eingebürgert, viele Kinder zu haben. Dann bleiben doch bestimmt genügend übrig am Ende des Tages, um die Alten irgendwann mit zu versorgen???

Ob das stimmt? Wir brauchen nur in Deutschland, in unserer Heimat zurück zu schauen. Noch Anfang des letzten Jahrhunderts waren acht, neun, zehn Kinder normal (mein Vater, Jahrgang 1920, hatte acht! Geschwister). In dem Maße, in dem die Leistungsfähigkeit der sozialen Sicherungssysteme stieg, ging auch der Kindersegen zurück.

Meine Folgerung daraus: Hätten die Menschen weltweit genug zu essen, zu trinken, einen ausreichenden Lebensunterhalt (die Maslowsche Bedürfnisspyramide lässt grüßen*), dann würde sich das mit der wachsenden Übervölkerung unseres einzigen Globus von selbst regeln.

Was aber hat das mit der vielseitig bejammerten Alterspyramide zu tun? Dieses Wort „Alterspyramide" besagt ja, dass immer weniger Junge für immer mehr Alte sorgen müssen, bis das System irgendwann kollabiert?

Stimmt das wirklich? Werden, vielleicht sogar global, immer weniger „Junge" für immer mehr „Alte" sorgen müssen oder sollen? Diese Furcht mag im ersten Schritt begründet sein oder scheinen. Alterspyramide, sind das die Ängste vor den Kosten und der Fürsorge, der Arbeit für und mit den Alten? Ich bin überzeugt, mit einer angemessenen Wertschätzung dieser Aufgabe – moralisch und monetär – bekommen wir das hin.

Aber wie ist das denn mit dem allgemeinen Wachstum, besser gesagt, mit der Produktivität? Immer mehr Produkte werden mit immer weniger Manpower, mit geringerem Aufwand, mit weniger „irgendwas" produziert, hergestellt. Was der Bauer früher mit dem Ochsen vor dem Pflug an einem Tag voller Mühe erledigte, verrichtet der Traktor heute in wenigen Stunden. Ergo müssten ja die Produkte unisono im Preis erheblich sinken, weniger Aufwand bedeutet ja, weniger, also geringere Kosten.

Das erleben wir aber nun wirklich nicht! Diese Profite versickern in der Kasse einiger weniger (auch unser Staat zählt dazu), beim Volk kommt nix oder zu wenig an. Darüber hinaus sinkt die Anzahl der Arbeitsplätze in den produzierenden Prozessen.

Eine logische Konsequenz wäre doch: die steigende Produktivität, die steigenden Effizienz in den Produktionsprozessen werden genutzt, um mit dem Mehr an Erlösen die Kosten der Alterspyramide abzufedern und dort neue Arbeitsplätze zu schaffen. Dazu müsste automatisierte, auf Roboter gestützte Arbeit aber auch besteuert werden. Genauso wie die internationale Aktienzockerei. Und das Land „Steueroasien" könnte man auch mal bekämpfen usw.

Würde allerdings auch bedeuten, dass man der Tätigkeit im sozialen Bereich einen völlig neuen Stellenwert beimessen müsste! Das Wort „Wertschöpfung" dürfte sich nicht mehr nur auf die monetären Teile unseres Denkens und Handels beschränken! Das höchste Gut auf diesem Planeten ist doch der Mensch! Jeder einzelne Mensch ist von unermesslichem Wert! Ich rede hier nicht gegen den Glauben, in welcher Form auch immer er sich präsentiert. Logischerweise müsste doch der Dienst unmittelbar am Menschen die höchste Form der Wertschöpfung darstellen! Dann kämen wir doch auch mal zu einer völlig anderen Vorstellung vom Wert der Pflege, der Betreuung, des Dienstes am Krankenbett usw.!

Man müsste als Konsequenz die weniger werdende Arbeit in den Produktionsprozessen nutzen, um mehr Kapazität für den Dienst am Menschen zu generieren. Und die Refinanzierung dieser Umschichtung erfolgt über Gewinnabschöpfung bei automatisierten Prozessen, bei der schönen Automaten- oder Roboterarbeit, beim Börsenhandel, mit einer Vermögenssteuer usw. Oder sollen irgendwann, weil nicht mehr bezahlbar, unsere Alten und Siechen „outgesourct" werden, in ein Billiglohnland zum dahinsiechen und krepieren verschoben werden?

Irgendwann würde sich dann sicherlich auch die Reproduktionsraten unseres Volkes, vielleicht, ja wahrscheinlich sogar global wieder so um den Wert „Zwei" einpendeln. Wir Deutschen sind ja nicht zu blöd, um Kinder zu zeugen. Wir hatten nur über Jahrzehnte eine Situation, in der die Familie via Grundgesetzt als die Basis unseres Gemeinwesens propagiert wurde, in der Praxis Kinder sich aber zum teuren Luxusgut entwickelten! Kinder musste man sich doch über viele Jahre (und auch heute noch) leisten können und leisten wollen!

## 4.6. Entwicklungshilfe

Passt das Thema überhaupt? Angefangen habe ich ja mit dem Klima. Das hat Auswirkungen auf den Verkehr, logisch. Und wenn Väterchen Staat Geld in die Hand nimmt (oder druckt), betrifft das auch unser Steuern, Gebühren und Abgaben. Auch logisch.

Also Entwicklungshilfe, auch auf die Gefahr hin, in den rechten Abgrund gestellt zu werden! Ich bin halt in vielen (aber keineswegs in allen) Dingen konservativ, also Werte erhaltend im besten Sinn in meinem Denken und Handeln.

Das, was wir, in Deutschland, Europa usw. in den letzten Jahrzehnten an Entwicklungshilfe geleistet haben, wie wir geleistet haben, ich finde es Grottenschlecht. Nicht die Leistung des Einzelnen, der mit Engagement und Hingabe vor Ort im fremden Land versucht, zu helfen. Sich für Arme und Ärmste, Kranke und Sieche, Frauen, Mütter, Kinder engagiert. Missstände anprangert, das Wort gegen Ausbeutung, Gewalt, Terror, Unterdrückung erhebt. Selbst Verzicht durchlebt. Alle diese engagierten meine ich nicht, jedem einzelnen von ihnen gelten mein höchster Respekt und auch meine Dankbarkeit.

Ich meine etwas anderes. Das, was letztendlich ja von den Regierungsseiten geleitet, gesteuert, gewünscht wurde, ist und war doch oft nur eine Fortsetzung der Kolonialherrschaft, der Ausbeutung der Menschen und Ressourcen vor Ort mit anderen Mitteln!

Wenn wir die Kultur als Oberbegriff global in einem Bild betrachten wollten, so ergäbe sich keineswegs das Bild einer nahezu ebenen Landschaft. Eher müssten wir die Kultur global als Gebirge darstellen. Mit schroffen Zinnen und Hochplateaus, auf denen wir, die Menschen der westlichen Hemisphäre zu leben glauben. Mit vereinzelten Hochebenen, auf denen andere Kulturen z.B. aus dem asiatischen Raum angesiedelt sind. Mit tiefen, finstereren Tälern, in den Menschen unter unwürdigsten Umständen vegetieren oder wie in der Steinzeit hausen. Dazwischen mag es auch noch das eine oder andere Tal geben, in dem ein Naturvölkchen zurückgezogen und im Einklang mit sich und der Natur lebt. Die Kulturen dieser Welt sind so vielfältig wie unsere Welt selbst.

Und so haben wir auch ganz gewiss nicht das Recht, unsere Sicht der Dinge, unsere Moral, unsere Ethik (sofern überhaupt vorhanden), Anderen auf's Auge zu drücken.

Wenn andere Menschen sich mit einem Leben, aus unsere Sicht nahe der Steinzeit, begnügen wollen, dann bitte. Aber dann muss ich diese Menschen nicht Containerweise mit Autos, Handys, Fernseher oder ähnlichem überschütten! Auch nicht wegen dem tollen Profit! Und mit Waffen schon ganz und gar nicht! Mit keiner einzigen Waffe! Lernen wir doch endlich, aber bitte *Alle* auf diesem Globus, Toleranz, gegenseitige Achtung und Frieden.

Plakativ gesprochen: ich muss dem Indianer (ohne ihn diffamieren zu wollen) am Amazonas nicht den Plasmabildschirm XXL in den Baum hängen, damit er sich berieseln lassen kann.  Aber wenn dieser Indianer eine Schule bauen will, dann will ich, dann sollen wir gerne unterstützen und helfen. Unter einer Bedingung: diese Schule steht allen Geschlechtern gleichermaßen offen und zur Verfügung! Und wer das nicht akzeptiert, der braucht meine Hilfe nicht!

Und wenn einer in einer Dürrezone einen Brunnen bohren will, wir sollten gerne helfen. Aber unter einer Bedingung: dieser Brunnen steht allen Geschlechtern gleichermaßen offen und zur Verfügung! Und wer das nicht akzeptiert, der braucht meine Hilfe nicht!

Und wenn wir das einmal konsequent weiterdenken (frei an Maslow angelehnt*):

Wir alle sind Menschen mit dem Recht auf Leben, Freiheit, Respekt, Unversehrtheit. Unsere Freiheit endet dort, wo die Freiheit eines Anderen beginnt. Wir alle haben das Recht auf die Grundelemente saubere Luft, sauberes Wasser, sauberen Boden. Niemand darf diese Grundelemente schädigen, nutzen oder mehr, als nach den Umständen unvermeidbar, beeinträchtigen. Jeder Mensch hat das Recht auf eine intakte Heimat, ein sicheres Zuhause. Das Wohl des Menschen und der Umwelt steht vor dem Anspruch auf Profit, dem Wunsch zur Ausbeutung und ähnlichem. Maschinen und Anlagen dürfen Menschen nicht schädigen, nicht verletzten, nicht attackieren usw. Sicherlich ließe sich diese Aufzählung noch fortsetzen, ergänzen.

Ich meine: jeder Mensch hat dort, wo er geboren wurde, ein Recht auf ein sicheres Zuhause. Ein Zuhause, umgeben von sauberer Luft, mit ausreichendem Zugang zu sauberem Wasser, genügend Nahrung, sauberem Boden.

Jeder Mensch sollte weiterhin freien Zugang zu Bildung und zu einem ausreichenden Einkommen haben, um sich und eventuell auch eine Familie zu ernähren.

Dann würde mit großer Sicherheit die Reproduktionsrate auf diesem Globus sinken. Sich auf ein neues, global verträglicheres Maß einpendeln.

Die Umweltbeanspruchung unseres Erdenballs durch die Menschen würde auf ein neues, verträglicheres Maß sinken. Wir hätten nicht dieses Elend von abertausenden von Wirtschaftsflüchtlingen. Wir hätten auch sicherlich nicht dieses unsägliche Elend von abertausenden Kriegsflüchtlingen weltweit.

Es ist doch eine bodenlose Schande, wenn mehr als zweitausend Jahre nach Christi Geburt Menschen, Kinder auf diesem Planeten Hunger und Durst ertragen oder daran sterben! Wenn Menschen, Kinder Schmerz oder Tod erleiden, nur weil ein paar Bekloppte ihre Meinung einzig mit der Waffe ausdrücken können!

Sicherlich hätten wir (auch wenn alle satt sind und in Frieden leben können) nach wie vor Bewegungen in den Menschenströmen dieser Erde. Banal, wenn z.B. alle in den Urlaub reisen wollen. Interessant, wenn sich Menschen der Bildung wegen in fremde Städte, Länder, Kontinente begeben. Wenn Kultur einen Austausch erfährt. Tragisch, wenn Klimatischen Veränderungen Städte, Küsten und Inseln bedrohen oder verschlingen und die davon betroffenen Menschen unser Aller Hilfe bedürfen und ein neues Zuhause brauchen.

Und wer im Zuge all dessen in meine Heimat, die Heimat meiner Ahnen und Urahnen, meiner Kinder, Enkel usw. kommt und dabei die Werte unseres christlichen

Abendlandes, die  Gleichberechtigung, die Werte des Tier- und Umweltschutzes in unserem Lande akzeptiert und bereit ist, sich zu integrieren, der ist willkommen.

Er bekommt auch gerne meine Hilfe und Unterstützung. Er muss deswegen nicht seinen Glauben aufgeben, mir ist völlig egal, ob einer etwas glaubt und an was er glaubt. Ich lebe meinen Glauben, das bitte ich, das gilt es zu respektieren.

Wer allerdings glaubt, dass wir, die wir hier Raum und Platz schaffen, das wir uns an die andere, fremde, von außen herein getragene Kultur anpassen müssen, wer unsere Werte, Rechte und Gesetze missachtet, einen Staat im Staat versucht zu gründen, die Gleichberechtigung mit Füßen tritt, an Kindern aus Glaubensgründen herumschnippelt, Tiere inhuman aus Glaubensgründen tötet, mir meinen Glauben nehmen will oder ähnliches, der kann bleiben, wo der Pfeffer oder sonstiges wächst.

Danke für Eure / ihre Aufmerksamkeit. Und jetzt:

*bitte: Weiterdenken…*

## 5. Final
### 5.1. Fazit

Dieses Buch versucht, einen riesigen Bogen in komprimierter Form zu schlagen. Vom Klimawandel über den Verkehr, die Steuern bis hin zur Entwicklungshilfe. Ist das richtig, ist das denn erforderlich?

Ich meine, ja! Irgendwie muss man doch mal so ein klein wenig die Zusammenhänge aufzeigen. Versuchen, das Ganze verständlicher zu machen. Fragen zu stellen, Visionen öffnen. Unsere Zeit ist im Umbruch, es verändert sich so vieles. Wir müssen nur etwas mehr hinsehen und hinhören. Vielleicht auch mal persönlich: Weiterdenken…

Wobei man über jedes einzelne der angesprochenen Themen eine Vielzahl an Büchern schreiben könnte, wollte man sich im jeweiligen Thema vertiefen. Diesen Anspruch der Tiefe im Detail habe ich nicht. Für die ersten Schritte in diese Richtung: www… (das liebe Internet)

Letztendlich ist es doch aber so, dass sich viel zu viele Menschen auf diesem eigentlich wunderschönen Erdenball tummeln. Es werden täglich mehr! Und diese Menge von Menschen verbraucht viel zu viel von allem und jedem oder hinterlässt viel zu viel Müll und Unrat!

Also kann man entweder die Menschheit mit dem Hackbeil dezimieren (pfui Teifel- bitte nie wieder Krieg) oder eben an den Auswirkungen herum schrauben. Und die Senkung der Geburtenrate oder eine erhöhte Sterblichkeit durch belastete Böden, Gewässer oder verpestete Luft ist auch keine akzeptable Lösung für das Problem der Überbevölkerung. Geld kann man nicht essen, daher ist Geld nicht alles! Andere Naturvölker haben es uns doch den vernünftigen Umgang mit der Natur vorgemacht, sie haben stets nur das verbraucht, was die Natur auch nachliefern konnte!

Da nutzt aber die Elektromobilität alleine, als singulärer Weg, recht wenig. Es genügt auch nicht die Verteufelung des Verbrennungsmotors oder der Ölheizung.

Wir brauchen intelligente Übergangslösungen. Die schnelle und effektive Umsetzung der Ziele ist doch wesentlich wichtiger als das ideologisch-verkrampfte Festhalten an einem singulären Weg!

Wir müssen doch letztendlich hin zu einem *völlig nachhaltigem, CO₂ neutralen Umgang* mit diesem, unserem einzigen Planeten!

Dieser Weg geht nur mit Offenheit für alle Verfahren und Systeme, aber auch nur mit einem wirklich umfassenden Abwägen von Für und Wider. Energiewirtschaft und Verbrauch, Verkehr, Steuern und Abgaben, auch Migration und Entwicklungshilfe, alles muss auf den Prüfstand. Alles muss vorurteilsfrei neu und besser,

*Weitergedacht*

werden. Dabei dürfen wir nicht vergessen, dass dieser Mückenschiss auf dem Globus, dieses kleine Deutschland, nicht der Nabel der Welt ist. Es mag andere Kulturen mit anderen Wertmaßstäben geben, auch das müssen wir mit aller Konsequenz akzeptieren und auch tolerieren.

Die Freiheit des Einen endet immer dort, wo die Freiheit eines Anderen beginnt. Diejenigen, die uns auf diesem Weg begleiten wollen, uns die Hand reichen, mit uns gemeinsam um die beste, nachhaltigste Lösung wetteifern und wettstreiten, mit denen sollten wir diesen Weg im Sinne unsere Kinder, Enkel und Urenkel gemeinsam bestreiten.

## 5.2.  Schaffen wir das?

Ja, der Klimawandel ist da! Es ist doch bitter nötig, ihn zu schnellstens zu bremsen!

Wenn wir uns so umschauen, die Zahlen der Finanzwirtschaft sind gigantisch! Ob man an die Börse schaut, ob eine Bank ihre Jahresergebnisse bekannt gibt, Zahlen von Industriekonzernen, was auch immer noch! Oft astronomische Werte, für den Bürger kaum noch nachvollziehbare Summen werden da genannt. Da werden wir doch mit unserem geballten Elan, mit dieser gesamten Wirtschaftskraft diese Transformation zur CO₂ neutralen Welt locker schaffen! Schließlich leben wir derzeit (und viele andere auf diesem Globus) unter den Kriterien des auf *ständigem Wachstum basierenden Kapitalismus!*

Mir ist dabei unwohl! Es bleibt die brennende Frage, können wir die Aufgaben, die vor uns liegen, mit der Vielzahl der angestrebten Maßnahmen und Veränderungen wirklich schaffen?

Zum Verständnis der Antwort bedarf es einen kleinen Ausfluges in die Ökonomie (die Ökonomen dieses Erdenballes werden Gehirnwindungskrämpfe bekommen):

*Beispiel 1:* als der einzelne Mensch in grauer Vorzeit eine Handvoll schwarze Beeren gegen eine Handvoll rote Beeren tauschte, war die Welt noch in Ordnung. Irgendwann kam einer, nennen wir ihn Neander, auf die Idee, sich vom lieben Freund oder Nachbarn „Denkefix" etwas zu leihen. Natürlich unter dem Versprechen, mehr als das Geliehene zurück zu geben. Sonst hätte das nicht geklappt!

Mit dem geliehenen konnte Neander bei einem Dritten mehr erwerben, als ihm eigentlich auf Grund seiner Leistungsfähigkeit zustand. Vielleicht einen schönen Speer, damit er besser jagen konnte. Mit der besseren Beute würde er seine Schulden sicherlich sehr bald zurückzahlen können.

Er erwarb also heute etwas in der Hoffnung, es morgen zurück zahlen zu können! Durch diesen Schritt war die Möglichkeit des Kaufens geschaffen. Kaufen bedeutet ja, eine Ware, ein Produkt wird zu Kosten „X" produziert und ein Anderer ist bereit, mehr als diese Kosten „X" dafür zu bezahlen. Neander hatte nun Schulden. Auch sein Freund Denkefix erwarb nun Dinge, die er sich eigentlich nicht leisten konnte.  Denn er glaubte fest daran, dass Neander seine Schuld in Kürze mit einem kleinen „Extra" begleichen würde. Naja, und dann kann er, Denkefix, ja auch alle eigene Schuld tilgen. *Die Schulden des Neander wurden so zum Wohlstand des Freundes Denkefix*. Damit war die Spirale des Kapitalismus auf Basis von Wachstum in Gang gesetzt.

*Beispiel 2:* diese Spirale dreht sich noch heute, immer schneller. Auch global, auch auf Staatsebene. Die Schulden der Einen sind der Wohlstand der Anderen.

Nehmen wir das kleine Land Absurdistan mit exakt einer Million Einwohnern. Dort will man eine schöne Straße bauen, Kosten dieser Straße eine Million Euro. Die hat man aber nicht. Also spricht man im Nachbarland Oasien hundert wohlhabende Bürger an, um sich diese Million Euro zu leihen – gegen Zinsen von drei Prozent natürlich. Der Kredit (man nennt das dann Staatsanleihe) kommt zustande, nun ist jeder Bürger von Absurdistan bei der Staatsverschuldung mit einem Euro dabei. Am Ende des Jahres ist die Straße gebaut, die Zinsen werden fällig. Das sind für jeden Bürger Absurdistans nur je drei Cent, um die seine Staatsverschuldung wächst. Das scheint wenig zu sein.

Interessant ist es aber für die hundert Wohlhabenden im Nachbarland Oasien. Die erhalten nämlich jeder dreihundert Euro Zinsgutschrift! Und dieses Spielchen wiederholt sich Jahrein, Jahraus, bis das kleine Absurdistan seine Schulden vollständig getilgt hat! Während die Verschuldung der breiten Masse für jeden einzelnen nur ein klein wenig steigt, wächst das Vermögen einiger Weniger exorbitant an. Das erleben wir in ähnlicher Form noch heute und das ist auch ein Grund für die klaffende Schere zwischen Arm und Reich, für die Ungleichverteilung der Ressourcen auf diesem Planeten.

Weil wir jedoch im Finale sind, legen wir noch eins drauf, für den gesteigerten, pervertierten Wahnsinn gibt es noch ein schönes

*Beispiel 3:* Die Autofirma „Flinkefix" gehört nicht einem einzelnen, sondern ein paar Aktionären. Aktien sind nette Papierchen, die besagen, dass dem Inhaber des Papierchens ein kleines Stückchen einer Firma oder eines Konzerns oder so gehört. In diesem Fall ein kleiner Anteil jeweils an der Firma Flinkefix. Der Papierinhaber hat der Firma praktisch

Geld geliehen (in dem er die Aktie kaufte) und möchte am
Jahresende dafür Rendite sehen, das nennt man Dividende.
Ist eigentlich nix anderes wie Zinsen. Flinkefix möchte nun
mehr von dem schönen neuen Modell „Stromer" verkaufen,
dass gäbe mehr Geld für das Management und mehr
Dividende für die Aktionäre! Doch verflixt, die Kunden haben
kein Geld, warum auch immer! Also gründet Flinkefix eine
eigene Bank, eine Hausbank. Das ist nicht schwer. Bedeutet
aber auch, Flinkefix und seine eigene Hausbank gehören
letztendlich dem gleichen Personenkreis, den Aktionären.
Damit diese Hausbank zu Geld kommt, gibt man nun neue
Hausbank-Aktien aus. Auf diesem Wege kommt Geld in die
Kasse der schönen, neuen Hausbank. Und die kann nun mit
dem Geld aus diesen Aktien prächtig arbeiten. Flugs bietet
sie Max Mustermann, dem umworbenen Kunden, einen tollen
Kredit an. Den kann Max in ganz kleinen Raten zurückzahlen,
die Zinsen sind ja Superniedrig (manchmal bietet die
Hausbank auch Leasing an, das ist ein bisschen ähnlich).

Max kauft geschwind das schöne neue Auto „Stromer". Und
so wie Max machen es dann ganz viele. Die Firma Flinkefix
verdient an jedem Auto, bezahlt damit unter anderem die
Manager mit tollen Prämien und die Aktionäre mit tollen
Dividenden. Die Bank verdient an den Zinsen, bezahlt damit
unter anderem die Manager mit tollen Prämien und die
Aktionäre mit tollen Dividenden.

Halt, ruft jetzt einer! Ich konnte doch mein Auto mit „Null!"
Zinsen finanzieren! Das geht auch, funktioniert so ähnlich.
Der liebe Kunde zahlt null Zinsen, Flinkefix gibt auf das Auto
einen kleinen Rabatt und reicht diesen Rabatt stillschweigend
an die Hausbank weiter. Die Hausbank hat damit ihre Zinsen
verdient, die Manager werden mit tollen Prämien und die
Aktionäre mit tollen Dividenden belohnt.

Tolles Spiel, aber was ist mit Max Mustermann?

Der erfreut sich doch an dem schönen, neuen Wagen? Das
ist wohl wahr. Aber, eigentlich hat er mehr für das neue Auto
bezahlt, als er müsste. Er muss nämlich den Kaufpreis *und*
die Zinsen bezahlen. Das neue Auto verliert jetzt Tagein,

Tagaus an Wert und es kostet, auch wenn es steht. Es kostet Steuer, Versicherung und auch der Parkplatz oder die Garage ist nicht umsonst. Und wenn Max dann fährt, kostet es Energie (Treibstoffe), es erleidet Verschleiß (sieht man am besten an Reifen und Bremsen), will gewartet, repariert werden usw. Und wenn das Autochen ein wenig in die Jahre gekommen ist, ein wenig schwächelt, sich irgendwelche gesetzlichen Regeln geändert haben, dann geht Max Mustermann erneut zu Flinkefix und das Spiel wiederholt sich.

Was aber hat das nun mit dem Klimawandel und seinen Folgen zu tun? Ich wiederhole mich: Schließlich leben wir derzeit (und viele andere auf diesem Globus) unter den Kriterien des auf *ständigem Wachstum basierenden Kapitalismus!*

Nun, unsere Erde ist eine Kugel mit etwa 12.742 km *) Durchmesser. Sie ist in ihrer gesamten Masse endlich, daher ist nicht nur die Menge der verfügbaren Ressourcen endlich, sondern auch die Menge der möglichen Populationen! Demnach können wir nicht unendlich wachsen! Es mag auf dem einen Sektor mal etwas weniger geben, dafür auf einem anderen Sektor etwas mehr. Aber *insgesamt* ist die Menge des möglichen Wachstums genauso endlich wie unser Planet. Logischerweise dürften wir am Ende eines Tages nicht mehr verbraucht haben, als uns dieser unser einziger Planet zu geben imstande ist. Und genauso dürften wir diesem Planeten am Ende des Tages nicht mehr Schaden zugefügt haben, als er an eben diesem einen Tag verkraften kann.

Somit müssten wir doch, global, rational und ökologisch betrachtet, im Angesicht der Endlichkeit unseres Planeten und seiner begrenzten Größe eigentlich Abschied nehmen von dem Gedanken des immerwährenden, unbegrenzten Wachstums.

*Aber das wäre doch der Todesstoß für den Kapitalismus, wie wir ihn kennen und leben?*

6. Sonstiges

  6.1. Steuer- u. Abgabenmodell

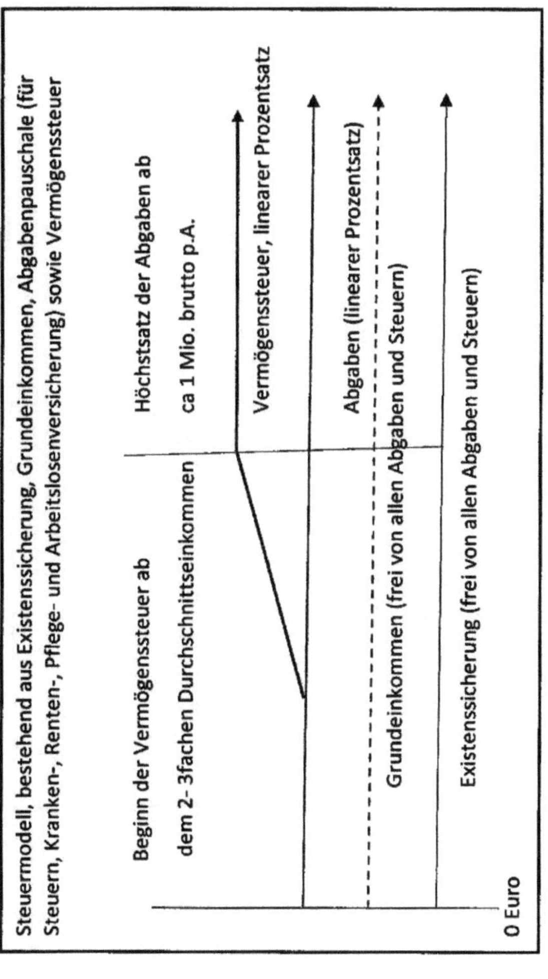

## 6.2. Wasserstoffeinsatz

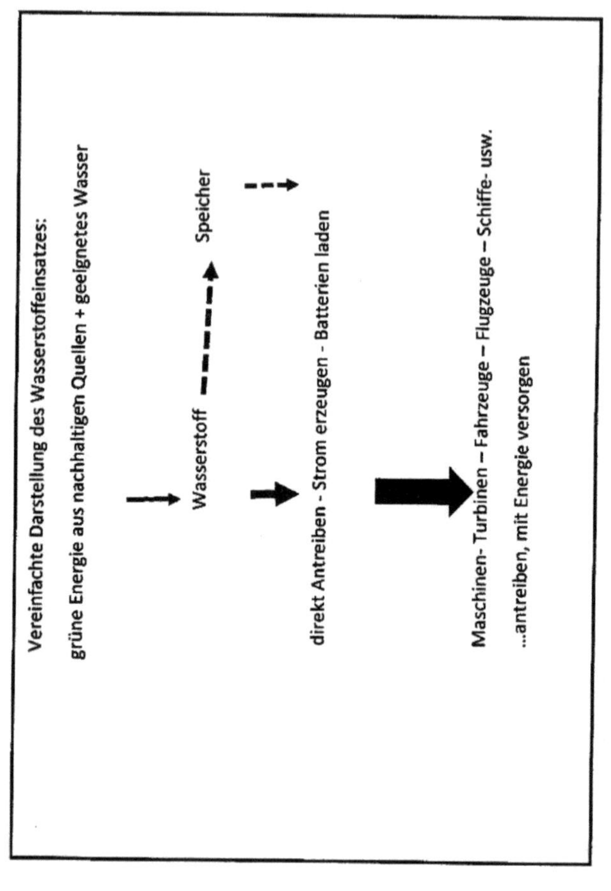

### 6.3. Rechenexempel

In diesem fiktiven, ja vielleicht sogar plakativen
Rechenexempel, will ich versuchen darzustellen, wie eine
Kostenrechnung zum Klimawandel für uns Bürger aussehen
auch könnte. Wenn man, d.h. die Regierenden, nach 1972
den Empfehlungen des „Club of Rome" gefolgt und eine
nachhaltige Energiewirtschaft aus vielfältigen Quellen
aufgebaut hätte *). Auch wenn die Zahlen nur grob geschätzt
sind. Sie zeigen jedoch eindeutig die Richtung auf!

Rechenexempel und Beispiel nach meiner Vorstellung,
Basisdaten:

- Einfamilienhaus mit Einliegerwohnung, Höhenlage
  um 500 Meter über Normal Null (damit oft bis zu
  etwa 4°C kälter als in der Rhein-Main Ebene).
  Dachfläche netto nutzbar um hundertfünfzig m²,
  Jahresenergiebedarf Strom unter 5.000KW,
  Ölzentralheizung mit einem Jahresverbrauch unter
  zweitausend Liter (incl. Warmwasser Bereitstellung).
- Der PKW ist ein Kombi (kein SUV) mit Allradantrieb
  und Anhängerkupplung (beide Merkmale werden
  hier im Mittelgebirge auch wirklich benötigt),
  Benzinmotor, nahezu zwanzig Jahre alt

*a) Exempel nach meinen Vorstellungen*

Das Autochen hält noch mindestens fünf, wenn nicht gar
zehn Jahre. Es kann dann zu weit über fünfundneunzig
Prozent stofflich getrennt und entsprechend recycelt werden.
Das Recyceln kostet mit Glück nix, oder auch nur ein paar
Cent.

Eine Umrüstung auf Gasantrieb kostet für ein solches
Fahrzeug etwa zwei bis dreitausend Euro. Dann könnte ich
mit grünem Gas (oder übergangsweise mit einem beliebigen
Mix aus Erdgas und grünem Wasserstoff) das Auto bis an
sein Lebensende nutzen, ich verbrauche für die Umrüstung
und den späteren Betrieb wenig Ressourcen. Wenn dieses
grüne Gas, dieser Wasserstoff verfügbar wäre. Wenn!

Die Ölheizung kann am Ende ihrer Lebensdauer zu weit über fünfundneunzig Prozent stofflich getrennt und entsprechend recycelt werden. Sie läuft im Moment ohne Probleme mit super Abgaswerten (sagt der Kaminfeger). Muss sie getauscht werden, kostet die Entsorgung nur ein paar Cent, weil sie in großen Teilen recyclebar ist. Mit einem Kostenaufwand von (geschätzt) fünfhundert bis eintausend Euro ließe sich diese Heizung auf Bioheizöl aus nachwachsenden Rohstoffen umrüsten (dafür braucht es vielleicht einen anderen Filter und eine andere Brennerdüse). Wenn wir ein Bioheizöl aus nachwachsenden Rohstoffen hätten. Regional angepflanzt und verarbeitet. Wenn!

Bedeutet, ich könnte mit einem Aufwand um oder unter viertausend Euro von heute auf morgen meine beiden größten Energieverbraucher auf $CO_2$ neutrale Betriebsmittel umstellen, wäre in diesen Punkten weitestgehend $CO_2$ neutral.

Und das *Alles* bislang ohne einen Cent individuelle, staatliche Förderung!


*b) Rechenexempel und Beispiel nach dem Willen unserer Regierung*

Ich werde demnach in absehbarer Zeit gezwungen sein, einen neuen PKW mit vergleichbarer Ausstattung (Allrad, Kombi) und Platzangebot zu kaufen. Das kostet mich ohne Schickimicki *nach Abzug* der aktuellen Fördermittel mal mindestens locker fünfundzwanzig bis dreißigtausend Euro.

Ob das Auto dann zwanzig bis dreißig Jahre durchhält? Wann machen die Batterien schlapp, was kostet mich eine Batteriereparatur oder gar deren Austausch? Wie dauerhaft ist die Haltbarkeit der eingebauten Hochleistungselektronik?

Für die Solaranlage oder die Photovoltaikanlage auf dem Dach muss ich nach Abzug aller Fördermittel auch mal locker fünfzehn bis zwanzigtausend Euro zuzahlen. Wie lange lebt, wie lange hält eine solche Anlage? Wie wirkt sie sich auf meine Hausversicherungen aus? Muss die Oberfläche der Anlage regelmäßig von Moos und Schmutz gereinigt werden? Wenn ja, wer macht das wie oft zu welchen Kosten? Wie reagiert solch eine Anlage bei Sturm, bei Schnee, im Brandfall? Wie kann diese Anlage irgendwann entsorgt oder recycelt werden, welche Kosten entstehen dann? Was sagt die Feuerwehr im Ernstfall zu der zu löschenden Photovoltaik-Anlage? Kostet mich wegen des erhöhten Risikos im Brandfall die gute Versicherung noch mehr Geld?

Ich darf mich also nicht weiterhin mit nachhaltigen, langlebigen Produkten umgeben! Es muss alles neu werden. Geschätzte Summe für`s schöne E-Auto und Heizung mit Solartechnik um die vierzig- bis sechzig tausend Euro. Plus Fördermittel!

Wir werden durch den von unserer Regierung vorgegebenen Weg gezwungen, weitere, kostbare Ressourcen zu verbrauchen. Ich muss ewige lange Lieferfristen oder Handwerkertermine ertragen. Habe einen Riesenaufwand mit Planung, Anträgen, Abwicklung, Schmutz und Dreck eines Umbaus. Und ich muss mich auf das Wagnis der Lebensdauer und fraglicher Entsorgung dieser tollen neuen Güter einlassen!

Der Staat selbst muss/ will mir aus den *endlichen* Steuereinnahmen Geld für Fördermittel bereitstellen! Mit sicherlich nicht geringen Nebenkosten für die Verwaltung eben dieser Mittel. Geld aus Steuermitteln abzweigen, welches wir für Schulen, Kindergärten, Kliniken, Pflegeheime oder auch den Umbau der Wirtschaft dringend brauchen könnten!

Das bedeutet doch letztlich: hätten die Regierenden im Bund, in den Ländern, in der EG in den letzten ca. vierzig bis fünfzig Jahren diese Klimaprobleme wahr genommen, für vielfältige Alternativen zu den fossilen Energieträgern Erdöl und Erdgas gesorgt, dann wären die klimatischen Veränderung wahrscheinlich nicht so gravierend! Zumindest müssten wir Bürger nicht jetzt für eine Hauruck-Umstellung mit ungewissem Ausgang ein Vielfaches, vielleicht sogar mehr als das zehnfache dessen bezahlen, was bei multiplen und vernünftigen Alternativen erforderlich wäre!

Hätten die Regierenden doch nicht über alle diese Jahrzehnte gepennt!

*bitte: Weiterdenken…*


### 6.4.  Leserbrief 1979

Kopie eines Leserbriefs, den ich am 04.11.979 an viele damals namhafte Zeitschriften und Automobilfachzeitschriften in mühevoller Tippserei (mit Durchschlag, für die Kopien) verschickt habe. Die Resonanz war damals: Null.

Um die Lesbarkeit zu verbessern, hier eine Abschrift des Textes vom 04.11.1979, geschrieben unter dem Eindruck der Ölkrise Anfang der 70`Jahre (die jeweiligen Adressen hatte ich dann mit der guten, alten Schreibmaschine manuell in das entsprechende Textfeld eingearbeitet).  Die alte Rechtschreibung usw. wurde bewusst nicht korrigiert.

Die Qualität der Kopie ist schlecht, ich bitte um Entschuldigung. Es ist halt die Kopie eines alten Durchschlages, im Original damals mit einer über fünfzig Jahre alten Schreibmaschine geschrieben.

Begriffe wie „CO$_2$ Neutral" oder Klimawandel waren damals noch nicht in aller Munde…

 **Wolfgang Zimmer**
Kfz.-Meister

Vorderstraße 33
8251 Selters 3-Münster
Telefon (0 64 83) 66 89 

Wolfgang Zimmer, Kfz.-Meister · Vorderstraße 33 · 8251 Selters 3-Münster

Datum    04.11.1979

## Gedanken zum Individualverkehr!

Erdöl ist, wie alle uns bekannten Energieträger, nur in begrenztem Maße verfügbar.

Fürstliche und natürliche Kriesen bei der Verteilung werden sich kaum vermeiden lassen.

Der Individualverkehr unterliegt in besonderem Maße der Kritik über zu hohen Verbrauch.

In einem Staat wie dem unseren, in dem das gesamte Industrialisierungssystem auf diesem ausgeprägten Individualverkehr basiert, würden kurzfristige Änderungen Industrie und Wirtschaft an der Basis erschüttern.

Es gilt daher, nicht Alternativen zum Individualverkehr zu entwickeln, sondern diesen Alternativ zu gestalten.

Eine Ansatzmöglichkeit bietet sich im Berufsverkehr: Hier werden in der Regel pro Person ca 0,8- 1,5 Tonner Blech (= Auto) bewegt, um eine Entfernung von (geschätzt) ca 15-70km (maximal) zurückzulegen. Die erreichten Geschwindigkeiten dürften maximal ca 120-150 km/h betragen.

-2-

Der evtl. vorhandene Zweitwagen ist in der Regel kleiner,
obwohl mit ihm in der Regel mehr Material (Kinder,Einkäufe
etc.) bewegt werden.
    Dieses Verhältnis sollte neu geordnet und für den Berufsver=
kehr ein Minimal-Fahrzeug entwickelt werden(2Sitzplätze):
    Dieses Kfz sollte so leicht wie möglich sein,aus möglichst
wenigen,weitestgehend standartisierten Teilen bestehen.
Bei Produktion und Betrieb sollte niedrigmöglicher Energiever=
brauch im Vordergrund stehen!
    Man könnte z.B. eine Einheitsbodengruppe mit Fahrwerk und
Antrieb,jedoch markenindividueller Innenausstattung und Aufbau
produzieren.So könnte nach wie vor jeder seinen " VW,Opel,Talbot"
fahren.
    Drei Räder würden ausreichen.Weil man dadurch einige Aggregate
(= Gewicht,Kosten und Energie) sparen könnte.Da die möglichen
Kurvengeschwindigkeiten im Berufsverkehr relativ gering sind,
wäre die Fahrsicherheit ausreichend. Es scheint ratsam,Fahrer-
sitz und lenkrad seitlich verschiebbar anzuordnen,um bei
Einmannbetrie eine neutrale Gewichtsverteilung zu erreichen.
Als Antrieb schlage ich einen Elektromotor vor:Der Batterie=
satz,wartungsarm,unter dem Fahrzeugboden montiert,sorgt für
tiefen Fahrzeugschwerpunkt und erhöhte Fahrsicherheit.
Heute übliche Batterien würden für ca 50-70Km Fahrstrecke bei
einem Fahrzeuggewicht von ca 500kg reichen.
Bei jeder Bremsung kann Bewegunsenergie in Ladestrom für den Batter-
iesatz umgewandelt werden.Die reguläre Ladung der Batterien
kann auf den Parkplätzen während der Arbeitszeit erfolgen:
Bei Ankunft wird der Fahrzeugbatteriesatz mittels eines genormten
Kabels an ein z.B. Parkuhrähnliches Gerät zur Aufladung ange-
schloßen.Abends wird,nach Entrichtung der am Ladegerät angezeigten
Gebühr,das Ladekabel freigegeben,man fährt mit voll geladenem
Batteriesatz nach Hause.
Neben der Möglichkeit,für einen beträchtlichen Teil der privaten
Fahrleistungen alternative Energieträger zu nutzen,könnte man
so die Umweltbelastung durch Wegfall von Abgasen und wesentlich
geringeren Lärmpegel um ein erhebliches vermindern!
    Da der Mensch in der Regel jedoch an gewohntem hängt,müßte
die Förderung eines solchen Projektes psychologisch geschickt
betrieben werden!
    Solche Fahrzeuge  dürfen kein "Muß" zum Energiesparenwerden!

Vielmehr muß der Erwerb eines solchen Fahrzeuges als
ebenso erstrebenswert dargestellt werden,wie einst der
Erwerb des Farbfernsehgerätes oder heute der HiFi-Anlage!
Vielleicht sollte sogar eine Firma wie z.B. Porsche den
Anfang machen.Das Werbemotto könnte dann lauten:
"Wenn schon nicht  d e n  Porsche für jedermann,dann
doch wenigstens den Stadtporsche!"

(Wolfgang Zimmer)

<u>Beginn der Abschrift,</u>

*Seite 1:*

*Gedanken zum Individualverkehr*

*Erdöl ist, wie alle uns bekannten Energieträger, nur in begrenztem Maße verfügbar.*

*Künstliche und natürliche Krisen bei der Verteilung werden sich kaum vermeiden lassen.*

*Der Individualverkehr unterliegt in besonderem Maße der Kritik über zu hohen Verbrauch.*

*In einem Staat wie dem unseren, in dem das gesamte Industrialisierungssystem auf diesem ausgeprägten Individualverkehr basiert, würden kurzfristige Änderungen Industrie und Wirtschaft an der Basis erschüttern.*

*Es gilt daher, nicht Alternativen zum Individualverkehr zu entwickeln, sondern diesen Alternativ zu gestalten.*

*Eine Ansatzmöglichkeit bietet sich im Berufsverkehr:*

*Hier werden in der Regel pro Person ca. 0,8 – 1,5 Tonnen Blech (=Auto) bewegt, um eine Entfernung von (geschätzt) ca. 15 – 70 km(maximal) zurückzulegen. Die erreichten Geschwindigkeiten dürften maximal ca. 120 – 130 km/h betragen.*

*Seite 2:*

*der evtl. vorhandene Kleinwagen ist in der Regel kleiner, obwohl mit ihm in der Regel mehr Material (Kinder, Einkäufe etc.) bewegt werden.*

*Diese Verhältnisse sollten neu geordnet und für den Berufsverkehr ein Minimalfahrzeug entwickelt werden (2Sitzplätze):*

Dieses KFZ sollte so leicht wie möglich sein, aus möglichst wenigen, weitestgehend standardisierten Teilen bestehen. Bei Produktion und Betrieb sollte niedrigstmöglicher Energieverbrauch im Vordergrund stehen!

Man könnte z.B. eine Einheitsbodengruppe mit Fahrwerk und Antrieb, jedoch markenindividueller Innenausstattung und Aufbau produzieren. So könnte nach wie vor jeder seinen „VW, Opel, Talbot" fahren.

Drei Räder würden ausreichen. Weil man dadurch einige Aggregate (=Gewicht, Kosten und Energie) sparen könnte. Da die möglichen Kurvengeschwindigkeiten im Berufsverkehr relativ gering sind, wäre die Fahrsicherheit ausreichend. Es scheint ratsam, Fahrersitz und Lenkrad seitlich verschiebbar anzuordnen, um bei Einmannbetrieb eine neutrale Gewichtsverteilung zu erreichen. Als Antrieb schlage ich einen Elektromotor vor: Der Batteriesatz, wartungsarm unter dem Fahrzeugboden montiert, sorgt für tiefen Fahrzeugschwerpunkt und erhöhte Fahrsicherheit. Heute übliche Batterien würden für ca. 50 -70km Fahrstrecke bei einem Fahrzeuggewicht von ca. 500Kg reichen.

Bei jeder Bremsung kann Bewegungsenergie in Ladestrom für den Batteriesatz umgewandelt werden. Die reguläre Ladung der Batterien kann auf den Parkplätzen während der Arbeitszeit erfolgen: Bei Ankunft wird der Fahrzeugbatteriesatz mittels eines genormten Kabels an ein z.B. Parkuhrähnliches Gerät zur Aufladung angeschlossen. Abends wird, nach Entrichtung der am Ladegerät angezeigten Gebühr, das Ladekabel freigegeben, man fährt mit vollgeladenem Batteriesatz nach Hause.

Neben der Möglichkeit, für einen beträchtlichen Teil der privaten Fahrleistungen alternative Energieträger zu nutzen, könnte man so die Umweltbelastungen durch Wegfall von Abgasen und wesentlich geringeren Lärmpegel um ein erhebliches vermindern!

*Da der Mensch in der Regel jedoch an gewohntem hängt, müsste die Förderung eines solchen Projektes psychologisch geschickt betrieben werden: Solche Fahrzeuge dürfen kein „Muss" zum Energiesparen werden!*

*Seite 3:*

*Vielmehr muss der Erwerb eines solchen Fahrzeuges als ebenso erstrebenswert dargestellt werden, wie einst der Erwerb des Farbfernsehgerätes oder heute der HiFi-Anlage! Vielleicht sollte sogar eine Firma wie z.B. Porsche den Anfang machen. Das Werbemotto könnte lauten: „Wenn schon nicht den Porsche für jedermann, dann doch wenigstens den Stadtporsche!"*

*(Unterschrieben: Wolfgang Zimmer)*

<u>- Ende der Abschrift –</u>


## 6.5.  Dankeschön

Danke, dass Sie / Du mir bis hierhin gefolgt bist. Wenn ich den einen oder anderen zu Fragen anregen oder gar einen Gedanken, eine Diskussion anstoßen konnte, umso besser.

Ein Buch kann man nicht völlig alleine schreiben. Es braucht den Austausch, die offene Diskussion mit anderen.

Da ergeben sich Anregungen, Querverbindungen, neue Sichten. Und es braucht liebe Menschen, gute Freunde die einem ermuntern, die Entwürfe durcharbeiten, ein Lektorat leisten. Oder dem klapprigen PC oder dem Maustreiber auf die Sprünge helfen!

Mein besonderer Dank geht insbesondere an. Bettina D., Mechthild D., Wolfgang K. und Carsten S., ohne deren Aufmunterung, Impulse und Unterstützung beim Lektorat ich dieses Werk nicht vollendet hätte.

Wolfgang Zimmer

Im gleichen Verlag erschien von mir:

### *„2037 – ein Blick voraus"*

Mein Debutwerk behandelt die nahe Zukunft des Odenwaldes, meiner geliebten Heimat. Eigentlich ist es wie der vorstehende Leserbrief aus alten Tagen oder dieses aktuelle Büchlein hier Ausdruck einer Sorge um die Zukunft unser Kinder, und Kindeskinder.

Angeregt zu diesem Buch „2037- ein Blick voraus" wurde ich 2012 durch meine erste Enkelin und die Frage, wie eben die Zukunft in fünfundzwanzig Jahren, also 2037, aussehen könnte.

Geschrieben habe ich das Ganze, als ich noch berufstätig war, auf zwei verschiedenen Rechnern mit unterschiedlichen Arbeitsprogrammen. Einmal abends im Hotel, das andere Mal abends, zuhause am Schreibtisch. Spät, zu spät habe ich gemerkt, dass die vollautomatischen Rechtschreibprüfungen sich gegenseitig aufheben bzw. beeinflussen. Dumm gelaufen!

Darum gibt es jetzt eine verbesserte, zweite Auflage, das Thema ist aktueller als zuvor! In der dort erwähnten, europäische Krise leben wir – Corona!

Insgesamt ein regional gefärbtes, interessantes spannendes Werk mit Start im Odenwald und einem furiosen Ende in der Südsee. Manchmal mit einem leichten Augenzwinkern geschrieben…

Taschenbuch:      ISBN 978-3-8391-4911-9

E-Book:      ISBN 978-3-7412-3651-8

2037 -
ein Blick voraus.....

**Nishant Kumar**
**Ashish Sharma**
**Himanshu Bhutani**

# Usos clínicos da toxina botulínica em cirurgia oral e maxilofacial

**ScienciaScripts**

**Imprint**

Any brand names and product names mentioned in this book are subject to trademark, brand or patent protection and are trademarks or registered trademarks of their respective holders. The use of brand names, product names, common names, trade names, product descriptions etc. even without a particular marking in this work is in no way to be construed to mean that such names may be regarded as unrestricted in respect of trademark and brand protection legislation and could thus be used by anyone.

Cover image: www.ingimage.com

Este livro é uma tradução do original publicado sob ISBN 978-620-3-58159-1.

Publisher:
Sciencia Scripts
is a trademark of
Dodo Books Indian Ocean Ltd., member of the OmniScriptum S.R.L Publishing group
str. A.Russo 15, of. 61, Chisinau-2068, Republic of Moldova Europe
Printed at: see last page
**ISBN: 978-620-3-63994-0**

# CONTEÚDO

# LISTA DE ABREVIATURAS

Falha no tratamento induzido por ABTF-Antibody-induced

Ach-Acetylcholine

BTX-Botulinum Toxina

CAMR -Centro de Microbiologia Aplicada e Investigação

CB-Clostridium Botulinum

CDC-Centros para Controlo e Preservação de Doenças

CGRP-Calcitonina Gene-Relater Peptídeo

FDA -Food and Drug Administration

Paralisia Nervosa FNP-Facial

Doença de PD-Parkinson

SBA - Actividade Biológica Específica

SNAP23-Synaptosome Associated Protein 23

Receptores de Proteína de Fixação de Factores Sensíveis SNARE-Solúveis
N-Ethylmaleimide-Sensitive Factor

TMD-Temporomandibular Distúrbios

TMJ- Junta Temporomandibular

VAMP - Proteína de Membrana Associada ao Veículo

# INTRODUÇÃO

A toxina botulínica (BTX) tornou-se uma ferramenta útil e significativa na prática de cirurgias orais e maxilo-faciais. A sua aplicação começou como um agente estético mas tem sido muito eficaz em várias outras especialidades médicas clínicas ou cirúrgicas.

O botulinum é uma das toxinas biológicas mais potentes conhecidas com uma dose letal estimada de aproximadamente 0,09 a 0,15 pg por via intravenosa ou intramuscular, 0,70 a 0,90 pg por via inalatória, e 70 pg por via oral encontrou assim aplicações também no bioterrorismo [1]. Apesar disto, e como consequência de um forte interesse na investigação clínica e científica fundamental, o BTX emergiu como um dos agentes terapêuticos mais versáteis da medicina moderna. No entanto, a toxina botulínica é uma espada de dois gumes. O Botulinum purificado é a primeira toxina bacteriana a ser aceite para usos terapêuticos [2]. Desde a primeira utilização terapêutica por Scott para estrabismo até aos dias de hoje, o espectro de aplicações terapêuticas dos BTX alargou-se [3].

Normalmente, o cérebro envia mensagens aos músculos para se contraírem e promoverem o movimento. A mensagem é transmitida através de um neurotransmissor chamado acetilcolina (Ach). A toxina botulínica bloqueia a libertação pré-sináptica de Ach na placa terminal da junção neural, interferindo com a actividade dos receptores proteicos solúveis de N-etilmaleimida (SNARE) e, como resultado, o músculo não recebe a mensagem para se contrair, sem quaisquer efeitos sistémicos. O BTX produz denervação química parcial do músculo, resultando numa redução localizada da actividade muscular e pode ser utilizado como uma única terapia ou como adjunto de outro tratamento.

A neurotoxina botulínica (BTX) foi identificada como a única causa do botulismo há mais de um século, após a descoberta das bactérias anaeróbias e formadoras de esporos do género Clostridium [4]. As neurotoxinas botulínicas são produzidas por diferentes estirpes de C. botulinum (CB), que pertencem a quatro grupos filogenéticamente distintos, e por C. butyricum e C. barati[5]. O "botulismo" é uma doença que ameaça a vida, descrita pela primeira vez por Kerner. CB, está presente na natureza e a sua exposição inadequada pode causar uma doença chamada botulismo. O termo botulinum vem do latim "botulus", que significa salsicha desde os primeiros surtos de botulismo na

Europa (séculos XVIII e XIX) que estavam frequentemente ligados ao consumo de salsicha estragada ou presunto. O agente pode entrar no organismo e causar doenças através de várias vias: consumo alimentar, inalação, contaminação de feridas e injecção.

A neurotoxina botulínica pode ser diferenciada em sete tipos serológicos diferentes (A, B, C1, D, D, E, F e G), cada um com as suas vantagens e desvantagens. entre estas toxinas, a Toxina Botulínica Tipo A (BTX-A) foi introduzida pela primeira vez na arena médica em 1989 sob o nome comercial de oculinum (nome alterado para Botox 2 anos mais tarde) e é mais amplamente utilizada. o desenvolvimento da neurotoxina botulínica como droga começou em 1981 com a descrição do uso de BTX-A para o tratamento do estrabismo. Em 1989, após uma análise clínica e laboratorial exaustiva, a Food and Drug Administration (FDA) aprovou o uso terapêutico de BTX-A, para o tratamento do estrabismo, do blefaroespasmo e do espasmo hemifacial em doentes com mais de 12 anos de idade. No ano 2000, a FDA aprovou o BTX para distonia e em 2002 obteve aprovação para a gestão temporal das linhas glabelares.

Foi proposto que o BTX reduz a dor directamente ao produzir alterações moleculares na função das fibras nociceptivas, bloqueando a libertação de neurotransmissores, e indirectamente ao reduzir o excesso de actividade muscular disfuncional foi relatado ter efeitos analgésicos independentes da sua acção sobre o tónus muscular.

Os efeitos clínicos do BTX-A ocorrem dentro de aproximadamente 24-48h após a administração, atingindo o seu pico às 2-3 semanas. Os efeitos geralmente duram cerca de 4 meses, depois nivelam-se a um planalto moderado até que eventualmente ocorra uma recuperação nervosa completa dentro de 3 a 6 meses.

Na cirurgia oral e maxilofacial, a toxina é utilizada como forma de controlo de distúrbios temporomandibulares (DTM), dores de cabeça, neuralgia do trigémeo, enxaqueca, dor miofacial, sorriso gengival, sorriso assimétrico, hipertrofia do masséter, espasmo mandibular, procedimentos cirúrgicos, espasmo hemifacial e também na sialorreia [6].

O objectivo desta dissertação de biblioteca era rever a literatura citando os possíveis usos clínicos da toxina botulínica em cirurgia oral e maxilofacial.

# REVISÃO DE LITERATURA

1. Daniel B. Drachman (1964)

Escreveu um artigo intitulado "Atrofia dos músculos esqueléticos em embrião de pinto tratado com toxina botulínica" publicado na revista da associação americana para o avanço da ciência. Na sua investigação "A toxina botulínica foi administrada em grandes doses intravenosas a embriões de pinto de 7 e 12 dias. Atrofia do músculo esquelético resultou sem atrofia significativa de outros órgãos. O aspecto histológico do músculo era consistente com a denervação. Os resultados sugerem que a libertação de acetilcolina neural pode desempenhar um papel significativo na "transmissão trófica" do nervo para o músculo [7]".

2. Robert A. Gunn (1979)

Escreveu um artigo de revisão intitulado "Botulismo": De van Ermengem para o Presente. Um Comentário" publicado na edição de Julho-Agosto das Revisões de doenças infecciosas. Segundo ele "O botulismo infantil é uma expressão clínica recentemente reconhecida de uma doença que foi documentada pela primeira vez no século XIX. Nessa altura, a doença frequentemente fatal estava relacionada com o consumo de salsicha de sangue e foi denominada botulismo, do latim botulus que significa salsicha. A doença foi também chamada doença de Kerner em honra de Justinus Kerner (1786-1862), uma das primeiras pessoas a estudar e a dar uma descrição crítica do botulismo. Em 1897, Emile van Ermengem, professor de bacteriologia na faculdade de medicina da Universidade de Gand na Bélgica, escreveu um manuscrito que estabeleceu muitos dos factos essenciais sobre o botulismo. Este número de Resenhas apresenta uma versão resumida do artigo de van Ermengem, que é uma leitura fascinante, especialmente para aqueles com um interesse maior do que passageiro pelo botulismo. Para muitos pode ser a primeira oportunidade de ler este manuscrito clássico" [8].

3. Edward J. Schantz, Eric A Johnson (1997)

Escreveu um artigo de revisão intitulado "Botulinum Toxin: The Story of Its Development for The Treatment of Human Disease" no Journal of Perspectives in Biology and Medicine. Segundo eles "Em 1885, o eminente fisiologista Claude Bernard escreveu na sua obra clássica Ciências Experimentais "Os venenos podem ser utilizados como meio de destruição da vida ou como agente para o tratamento dos doentes". De acordo com a sua previsão para utilizações médicas de venenos e toxinas naturais, mais de um século depois, em 1989, a Food and Drug Administration (FDA) licenciou a toxina botulínica tipo A como medicamento órfão para o tratamento de pessoas que sofrem de distúrbios musculares involuntários estrabismo, blefaroespasmo, e espasmo hemifacial. O uso bem sucedido da toxina para estas condições rapidamente levou à sua utilização no tratamento de muitas outras doenças causadas por contracções musculares involuntárias, particularmente movimentos musculares focais e segmentares. As doenças tratadas incluíram torcicolos espasmódicos, distonias de membros, distúrbios vocais, tremores, paralisia cerebral em crianças, distúrbios gastrointestinais, espasticidade em adultos, e várias síndromes de dor Além de ver um aumento dramático na utilização clínica, o sucesso da toxina botulínica no tratamento de doenças estimulou um interesse considerável no mecanismo de acção da neurotoxina e contribuiu para uma nova disciplina denominada microbiologia celular, uma interface entre a microbiologia e a biologia celular. A toxina botulínica proporcionou conhecimentos valiosos para a compreensão da via de transporte e secreção da vesícula. A incorporação endocitótica da toxina botulínica em células não neuronais leva ao bloqueio da absorção celular e à libertação de hormonas e enzimas. Prevê-se que a utilização da toxina botulínica possa expandir-se para outras aplicações médicas, tais como a libertação de hormonas e factores de crescimento. Outrora o tema de alguns laboratórios interessados na segurança alimentar e saúde pública, vários laboratórios estão agora a investigar uma miríade de aspectos da toxina botulínica" [9].

4. James K Torrens (1998)


Escreveu uma carta ao editor da revista médica britânica intitulada Clostridium botulinum foi nomeada devido à sua associação com "envenenamento por salsichas". Escreveu "Desejo acrescentar alguma mostarda à recente dieta de salsichas de Aronson, sugerindo que a bactéria Clostridium botulinum é de facto assim chamada devido à sua associação patológica com a delicatessen em questão e não (como Aronson diz) devido à sua forma. Em 1793, 13 pessoas em Wildbad, Alemanha, ficaram doentes depois de partilharem uma grande salsicha; seis delas morreram. Pouco tempo depois, Justinus Kerner, um oficial de saúde distrital no sul da Alemanha, reconheceu a ligação entre a salsicha e uma doença paralítica que afecta 230 doentes. Ele fez do "envenenamento por salsicha", ou botulismo, como veio a ser conhecido, uma doença notificável.

Foi só em 1897 que van Ermengen publicou a primeira descrição do organismo causador e mostrou a produção de uma toxina (mais tarde identificada como tipo B) que induzia fraqueza nos animais. Tanto quanto sei, este relato é exacto e livre de boloney" [10].

5. Roger L. Shapiro; Charles Hatheway; David L. Swerdlow (1998)

Escreveu um artigo de revisão intitulado "Botulismo nos Estados Unidos": A Clinical and Epidemiologic Review" publicado na revista de anais de medicina interna. Segundo eles "O botulismo é causado por uma neurotoxina produzida a partir da bactéria anaeróbica, que forma o esporo Clostridium botulinum. O botulismo em humanos é geralmente causado por toxinas dos tipos A, B, e E. Desde 1973, uma mediana de 24 casos de botulismo de origem alimentar, 3 casos de botulismo de feridas, e 71 casos de botulismo infantil foram relatados anualmente aos Centros de Controlo e Prevenção de Doenças (CDC). Nas últimas décadas surgiram novos veículos de transmissão, e o botulismo de feridas associado à heroína de alcatrão negro aumentou dramaticamente desde 1994. Recentemente, o potencial uso terrorista da toxina botulínica tornou-se uma preocupação importante. O botulismo é caracterizado por paralisia simétrica, descendente e flácida de nervos motores e autonómicos, geralmente começando pelos nervos cranianos. Visão desfocada, disfagia, e disartria são queixas iniciais comuns. O diagnóstico de botulismo baseia-se em resultados clínicos compatíveis; história de exposição a alimentos suspeitos; e testes auxiliares de apoio para excluir outras causas de disfunção neurológica que imitam botulismo, tais como acidente vascular cerebral, síndrome de Guillain-Barré, e miastenia gravis. A confirmação laboratorial de casos suspeitos é realizada no CDC e em alguns laboratórios estatais. O tratamento inclui cuidados de apoio e antitoxina trivalente equina, que reduz a mortalidade se administrada precocemente. O CDC liberta botulismo antitoxina através de um sistema de distribuição de emergência. Embora raros, os surtos de botulismo são uma emergência de saúde pública que requer rápido reconhecimento para prevenir casos adicionais e para tratar eficazmente os doentes. Porque os clínicos são os primeiros a tratar doentes em qualquer tipo de surto de botulismo, devem saber como reconhecer, diagnosticar e tratar esta doença rara mas potencialmente letal" [11].

7. Frank J. Erbguth, MD; e Markus Naumann, MD (1999)

Escreveu um artigo de revisão intitulado "Aspectos históricos da toxina botulínica", publicado na revista de neurologia histórica. O seu artigo citado

"Nos últimos anos, o modo de acção molecular das neurotoxinas produzidas por diferentes estirpes de Clostridium botulinum tem sido elucidado com sucesso. Simultaneamente, a toxina botulínica tipo A provou ser eficaz e segura no tratamento de condições causadas por contracções focais dos músculos esqueléticos, tais como estrabismo, espasmo hemifacial, distonias focais, espasticidade, e algumas perturbações autonómicas. A quimiodenervação terapêutica com toxina botulínica foi pioneira por Alan B. Scott em 1973 com experiências com macacos e em 1980 com aplicações humanas. A primeira descrição precisa e completa dos sintomas clínicos do botulismo de origem alimentar foi publicada entre 1817 e 1822 pelo médico e poeta alemão Justinus Kerner (1786-1862), que também desenvolveu a ideia de um possível uso terapêutico da toxina botulínica, a que chamou "veneno de salsicha". A abordagem de Kerner aos problemas de intoxicação alimentar durante o período de esclarecimento foi científica: após ter descrito e categorizado fenómenos empíricos, iniciou experiências em animais e experiências clínicas sobre si próprio, desenvolveu hipóteses sobre a fisiopatologia da toxina, sugeriu medidas de prevenção e tratamento do botulismo, e, finalmente, desenvolveu visões e ideias sobre perspectivas futuras relativamente à toxina, incluindo a ideia do seu uso terapêutico. É fascinante ver as suas ideias serem validadas ao longo dos últimos 20 anos" [12].

8. Arnold W Klein (2000)

Escreveu um editorial intitulado "Botulinum Toxin: Beyond Cosmesis", publicado no arquivo de dermatologia. Segundo ele, "A toxina botulínica A revolucionou virtualmente a abordagem minimamente invasiva ao melhoramento cosmético da face superior. No entanto, o caminho para as suas actuais aplicações cosméticas e não-cosméticas poderia certamente ser considerado uma viagem de serendipidade. Em 1895, Emile P. Van Ermengem isolou pela primeira vez o micróbio maléfico Clostridium botulinum dos alimentos e o tecido pós-morte das vítimas que tinham morrido em Ellezelles, Bélgica, depois de consumir carne de porco crua e salgada. Além disso, ele estava ciente de que este processo da doença era causado por uma toxina produzida por esta bactéria. No entanto, só em 1946 é que a toxina produzida por este organismo foi isolada em forma cristalina por Edward J. Schantz no Campo Detrick em Maryland O tratamento da pele palmar requer modificações na técnica utilizando blocos anestésicos regionais do pulso, diminuição antecipada da força de aderência, um alcance mais limitado da capacidade de difusão longe dos locais de injecção, e possivelmente uma duração de acção mais curta. A sudorese facial na testa superior e na coroa anterior e na nuca parece ser dramaticamente aliviada por uma técnica semelhante aos métodos axilares. Não estamos convencidos de que seja necessária uma dose mais elevada para a axila. No entanto, de uma coisa estamos convencidos: para a hiper-hidrose axilar, o Botox funciona"! [13].

9. Frank J. Erbguth e Markus Naumann (2000)

Escreveu uma carta ao editor intitulada "On the First Systematic Descriptions of Botulism and Botulinum Toxin by Justinus Kerner (1786-1862)" no Journal of the History of the Neurosciences. Com esta carta quiseram iluminar esta história da "intoxicação por salsichas" do século XVIII e acrescentá-la ao artigo de Devriese. A relação entre o consumo de enchidos maus e uma intoxicação subsequente com os sintomas de fraqueza muscular e falha autonómica - que com elevada probabilidade era botulismo - foi descrita de forma precisa e sistemática no sul da Alemanha 80 anos antes da descoberta de van Ermengem pelo médico e poeta Justinus Kerner (1786-1862), que chegou a desenvolver a ideia de uma possível utilização terapêutica da toxina botulínica, a que chamou "veneno de enchido" ou "veneno gordo". De facto, 160 anos mais tarde, a quimiodenervação terapêutica com toxina botulínica foi pioneira por Alan B. Scott com experiências com macacos (Scott, 1973) e aplicações humanas (Scott, 1981). Recentemente sugeriram que Justinus Kerner parece ser o fundador intelectual da moderna terapia com toxina botulínica e é fascinante ver que as suas ideias se tornaram realidade ao longo dos últimos 20 anos [14].

10. F. J. Erbguth (2007)

Escreveu um artigo de revisão intitulado "Do veneno ao remédio: a história atribulada da toxina botulínica" publicado na revista de transmissão neural. Segundo ele, "O envenenamento por toxina botulínica tem afligido a humanidade através das brumas do tempo. No entanto, o primeiro incidente de botulismo de origem alimentar foi documentado já no século XVIII, quando o consumo de carne e enchidos de sangue provocou muitas mortes em todo o reino de Wurttemberg, no Sudoeste da Alemanha. O médico distrital Justinus Kerner (1786-1862), que era também um conhecido poeta alemão, publicou as primeiras descrições precisas e completas dos sintomas do botulismo de origem alimentar entre 1817 e 1822 e atribuiu a intoxicação a um veneno biológico. Kerner também postulou que a toxina poderia ser utilizada para fins de tratamento. Em 1895, um surto de botulismo na pequena aldeia belga de Ellezelles levou à descoberta do patogénico "Clostridium botulinum" por Emile Pierre van Ermengem. O tratamento moderno da toxina botulínica foi pioneiro por Alan B. Scott e Edward J. Schantz no início dos anos 70, quando o serotipo tipo A foi utilizado na medicina para corrigir o estrabismo. Outras preparações da toxina tipo A foram desenvolvidas e fabricadas no Reino Unido, Alemanha, e China, enquanto que uma toxina terapêutica tipo B foi preparada nos Estados Unidos. Até à data, a toxina tem sido utilizada para tratar uma grande variedade de condições associadas à hiperactividade muscular, hipersecreções glandulares e dor" [15].

11. Kostrzewa RM, Segura-Aguilar J. (2007)

Escreveu um artigo de revisão intitulado "Botulinum neurotoxin: evolution from poison, to research tool-onto medicinal therapeutic and future pharmaceutical panacea" na revista Neurotoxicity research. Segundo eles, a neurotoxina botulínica (BTX), há mais de cem anos, tem sido um princípio venenoso reconhecido nos alimentos estragados. À medida que a sua estrutura química foi sendo desvendada, e à medida que se foi ganhando mais conhecimento sobre o seu mecanismo de toxicidade, tornou-se claro que o BTX tinha o potencial de agir terapeuticamente como uma toxina orientada que poderia inactivar populações nervosas específicas, e assim atingir um objectivo terapêutico. O BTX evoluiu nos últimos 25 anos para uma terapêutica viável, sendo agora um tratamento de primeira linha para a distonia, alterando abertamente o curso de progressão desta doença. O BTX é utilizado para hiperidrose e síndrome do suor gustativo, alívio da dor, como tratamento para a bexiga hiperactiva, acalasia e fissura anal; e ganhou popularidade como ajuda cosmética. Muitas outras utilizações possíveis estão a ser exploradas. O maior potencial para o BTX pode residir no facto de ser um cavalo de Tróia molecular - capaz de transportar uma enzima específica ou um medicamento específico para o interior de um cancro ou outro tipo de célula enquanto contorna outras células, tendo assim pouco ou nenhum efeito nocivo. O potencial farmacêutico do BTX é ilimitado [16].

12. O. W. Majid (2010)

Escreveu um artigo de revisão intitulado "Clinical use of botulinum toxins in oral and maxillofacial surgery" publicado na revista internacional de cirurgia oral e maxilo-facial. Segundo ele, "A toxina botulínica (BTX) é uma toxina bacteriana que poderia ser usada como medicamento. As aplicações clínicas de BTX têm vindo a expandir-se ao longo dos últimos 30 anos e têm sido relatadas novas aplicações. O seu mecanismo de inibição da libertação de acetilcolina nas junções neuromusculares após injecção local é único para o tratamento de rugas faciais. Outros efeitos anti-neuroinflamatórios dose-dependentes e propriedades moduladoras vasculares têm alargado o seu espectro de aplicações. Condições tais como distúrbios da articulação temporomandibular, sialorreia, dores de cabeça e dores neuropáticas faciais, distúrbios do movimento muscular, e paralisia do nervo facial também podem ser tratadas com este medicamento. É provável que sejam desenvolvidas outras aplicações do BTX". O seu artigo analisa as aplicações estabelecidas e emergentes do BTX no campo da cirurgia oral e maxilo-facial. É dada uma visão geral da farmacologia, toxicidade e preparações do agente [3].

13. Ornella Rossetto, Marco Pirazzini e Cesare Montecucco (2014)

Escreveu um artigo de revisão intitulado "Botulinum neurotoxins: genetic, structural and mechanistic insights" publicado na revista de microbiologia Nature reviews. Segundo eles "As neurotoxinas botulínicas (BTX) são produzidas por bactérias anaeróbias do género Clostridium e causam uma paralisia persistente dos terminais nervosos periféricos, o que é conhecido como botulismo. Os clostridia neurotoxigénicos pertencem a seis grupos filogenéticamente distintos e produzem mais de 40 tipos diferentes de BTX, que inactivam a libertação de neurotransmissores devido à sua actividade metaloprotease. Nesta Revisão, discutimos estudos recentes que melhoraram a nossa compreensão da genética e da estrutura dos complexos BTX. Também descrevemos os recentes insights sobre os mecanismos de entrada do BTX na circulação geral, ligação neuronal, translocação de membranas e neuroparálise" [4].

14. Theresa J. Smith, Karen K. Hill, Brian H. Raphael (2014)

Escreveu um artigo de revisão intitulado "Perspectivas históricas e actuais sobre a diversidade do Clostridium botulinum" publicado na revista de investigação em microbiologia. Segundo eles "Durante quase cem anos, os investigadores tentaram categorizar os clostridia produtores de neurotoxinas botulínicas e as toxinas que produzem de acordo com caracterizações bioquímicas, comparações serológicas, e análises genéticas. Ao longo deste período as bactérias e as suas toxinas têm desafiado tais tentativas de categorização. A sua revisão tem uma descrição da estirpe histórica e actual de Clostridium botulinum e informação sobre neurotoxinas que ilustra como cada nova descoberta contribuiu significativamente para o conhecimento da clostridia botulínica contendo neurotoxinas e a sua diversidade" [5].

15. Sanjeev Srivastava, Smriti Kharbanda, U. S. Pal, e Vinit Shah (2015)

Escreveu um artigo de revisão intitulado "Aplicações da toxina botulínica na medicina dentária": Uma revisão completa" publicada na revista nacional de cirurgia maxilo-facial. Segundo eles, "Os horizontes das opções de tratamento em odontologia estão a alargar-se rapidamente. Neste cenário, as aplicações de opções de tratamento não convencionais como o uso da toxina botulínica (BTX) estão a ganhar força. O uso de BTX tem sido popularmente aceite em procedimentos estéticos como a gestão de rugas faciais; no entanto, tem sido documentado o seu sucesso numa variedade de condições. De particular interesse para este trabalho são as aplicações de BTX na região maxilofacial, preocupada com a odontologia. BTX oferece uma opção de tratamento transitória, reversível e relativamente segura para muitas condições de interesse para um dentista. Os cirurgiões dentistas por estarem amplamente conscientes da anatomia da região faciomaxilar são um conjunto potencial de operadores que podem utilizar BTX no seu armamentário com um pequeno aumento de competências e assim alargar a perspectiva de opções alternativas minimamente invasivas para condições refratárias ou protocolos invasivos" [2].

16. Filho RR, Zimmermann GS e Goncalves BM (2016)

Escreveu um artigo de revisão intitulado "Aplicações da Toxina Botulínica na Odontologia - Revisão da Literatura" publicado na revista de odontologia e biologia oral. Segundo eles "As Neurotoxinas Botulinum são produzidas pela bactéria anaeróbica Clostridium botulinum e são consideradas as toxinas mais potentes conhecidas e a sua aplicação tornou-se útil e significativa no tratamento de lesões orais e maxilofaciais. O objectivo do seu estudo foi rever a literatura mostrando as possíveis utilizações terapêuticas da toxina botulínica na medicina dentária. Foram utilizados artigos, que descrevem a injecção de toxina botulínica tipo A (BTX-A) em áreas relacionadas com a cavidade oral e a face, excluindo fins cosméticos. Os resultados mostram que uma toxina é uma alternativa de tratamento viável, com efeitos benéficos na odontologia, mas em alguns casos deve ser associada a outros tipos de tratamento. Embora a literatura confirme a eficácia do BTX-A, estes estudos devem ser interpretados com cautela, e é necessária mais investigação para confirmar a segurança e eficácia deste tratamento em estudos clínicos maiores e bem controlados" [6].

17. Dirk Dressler, Peter Roggenkaemper (2017)

Escreveram um artigo intitulado "A brief history of neurological botulinum toxin therapy in Germany" publicado na revista de transmissão neural. Segundo eles, "A toxina botulínica (BTX) é há muito infame na segurança alimentar e na guerra biológica. No início dos anos 70, Alan B Scott de São Francisco inventou o seu uso terapêutico originalmente nos músculos extraoculares dos olhos para tratar o estrabismo utilizando uma preparação terapêutica de BTX tipo A fornecida por Edward J Schantz e Eric A Johnson. Subsequentemente, um grande número de indicações médicas baseadas na hiperactividade motora e glandular e, mais recentemente, a enxaqueca crónica são agora tratadas pela terapia de BTX. O mecanismo de acção altamente específico e elaborado do BTX representa um princípio terapêutico completamente novo que terá consequências muito para além das indicações existentes. A terapia BTX entrou na neurologia através de Stanley Fahn em Nova Iorque, de onde C David Marsden a trouxe para Londres. Daqui a terapia neurológica BTX veio para a Alemanha através de Reiner Benecke e Dirk Dressler. A terapia oftalmológica BTX foi trazida directamente para a Alemanha por Peter Roggenkamper, um colega de Scott. No início dos anos 90, vários utilizadores na Alemanha tinham aprendido sobre a terapia BTX e tornaram o país num dos países mais produtivos na ciência clínica BTX, apoiado por uma longa tradição de sólida investigação básica de BTX. Contudo, há já vários anos que a terapia com BTX na Alemanha tem vindo a estagnar devido à falta de reembolso do tratamento médico e devido a desafios de utilização fora do âmbito do rótulo" [17].

18. Shivam Om Mittal, Duarte Machado, Diana Richardson, Divyanshu Dubey, Bahman Jabbari (2017)

Escreveu um artigo intitulado "Botulinum Toxin in Parkinson Disease Tremor": Um Estudo Randomizado, DoubleBlind, Placebo-Controlado com uma Abordagem de Injecção Personalizada" publicado na revista da Mayo Clinic Proceedings. Segundo eles "No tremor essencial e na doença de Parkinson (DP), a administração de onabotulinumtoxina A através de uma abordagem de injecção fixa melhora o tremor, mas muitos pacientes (30%-70%) desenvolvem fraqueza moderada a grave das mãos, limitando o uso de onabotulinumtoxina A na prática clínica". No seu ensaio duplo-cego, controlado por placebo, cruzado, 30 pacientes receberam cada um 7 a 12 (média, 9) injecções de incobotulinumtoxina A (IncoA) nos músculos da mão e do antebraço, utilizando uma abordagem personalizada. O estudo foi realizado de 1 de Junho de 2012, até 30 de Junho de 2015, e os participantes foram seguidos durante 24 semanas. A eficácia do tratamento foi avaliada pelos subconjuntos de tremores da Escala Unificada de Classificação da Doença de Parkinson e pela Impressão Global da Mudança do Paciente 4 e 8 semanas após cada um dos 2 conjuntos de tratamentos. A força das mãos foi avaliada utilizando um ergómetro. Resultados: Houve uma melhoria estatisticamente significativa nos escores de classificação clínica do tremor de repouso e da gravidade do tremor 4 e 8 semanas após a injecção de IncoA e de acção/ tremor postural às 8 semanas. Houve uma melhoria significativa na percepção de melhoria por parte dos pacientes com 4 e 8 semanas no grupo IncoA. Não houve diferença estatisticamente significativa na força de preensão às 4 semanas entre os 2 grupos. Conclusão: A injecção do IncoA através de uma abordagem personalizada melhorou o tremor PD à escala clínica e a percepção do paciente, com uma baixa ocorrência de fraqueza significativa da mão [18].

19. Joseph Jankovic (2017)

Escreveu um artigo de revisão intitulado "Botulinum Toxin: State of the Art" publicado no jornal da International Parkinson and Movement Disorder Society. Segundo ele, "A neurotoxina botulínica (BTX) surgiu como um dos agentes terapêuticos mais polivalentes da medicina moderna com mais aplicações clínicas do que qualquer outro medicamento actualmente no mercado. Inicialmente desenvolvida no tratamento do estrabismo e das perturbações do movimento neurológico, a utilização da neurotoxina botulínica tem vindo a expandir-se durante as últimas 3 décadas para incluir o tratamento de uma variedade de condições oftalmológicas, gastrointestinais, urológicas, ortopédicas, dermatológicas, dentárias, secretoras, dolorosas, cosméticas, entre outras. Para além da onabotulinumtoxina A (Botox), abobotulinumtoxina A (Dysport), incobotulinumtoxina A (Xeomin), e Rimabotulinumtoxina B (Myobloc ou NeuroBloc) existem outros novos produtos botulino-neurotoxina actualmente em desenvolvimento. Com uma melhor compreensão dos mecanismos celulares da neurotoxina botulínica e avanços na biotecnologia, os futuros produtos de neurotoxina botulínica serão provavelmente ainda mais eficazes e personalizados à indicação específica e adaptados às necessidades dos pacientes [1].

20. Bahman Jabbari (2018)

Escreveu um artigo intitulado "Bases da Estrutura e Mecanismos de Função da Toxina Botulínica - Como Funciona?" publicado no livro Tratamento da Toxina Botulínica. Segundo ele "A toxina botulínica ou neurotoxina botulínica (BTX) é uma proteína que é produzida por uma bactéria chamada clostridium botulinum. O termo clostridium refere-se à forma da bactéria que tem a forma de um fuso/roda e o termo botulinum deriva da palavra grega botulus (salsicha), uma vez que os primeiros surtos de botulismo estavam relacionados com o consumo de salsicha podre. A história dos primeiros surtos de botulismo, a descoberta do agente responsável, a purificação e produção da toxina para a investigação médica, bem como os primeiros ensaios clínicos que levaram à descoberta da eficácia do BTX no tratamento de doenças médicas. Este artigo centra-se numa explicação de como esta toxina funciona" [19].

<h1 style="text-align:center">INSIGHT</h1>

## HISTÓRIA

O avanço do valor terapêutico do BTX levou mais de um século de experiência clínica e de experimentação laboratorial. O botulismo, uma doença desencadeada pela ingestão humana de toxinas botulínicas em alimentos contaminados, causou muitas mortes na Europa no início dos anos 1700. A pobreza económica criada pela Guerra Napoleónica (1795-1813) resultou na negligência de medidas sanitárias no fabrico de alimentos rurais. As salsichas de sangue fumado foram a principal fonte de botulismo. Em 1811, o Departamento de Assuntos Internos do Reino de Wurttemberg associou o "envenenamento das salsichas" a uma substância chamada "ácido prússico" e seguiram-se outras investigações [12]. Em 1871, o termo "botulus" foi fornecido a esta doença a partir da palavra latina "salsicha". Os surtos de botulismo ocorreram normalmente nos EUA, mesmo no início do século XIX. Devido a estas questões, a Dole Food Company, Inc. desenvolveu novas tecnologias de conserva de alimentos nos anos 20, tornando-a um dos maiores retalhistas de conservas de alimentos do mundo. Os sintomas do botulismo incluem perturbações da visão, da voz e da deglutição. Asfixia e morte ocorrem geralmente 18-36 horas após a ingestão da toxina. A taxa de mortalidade sem terapia varia de 10 a 65 % [20].

No início do século XIX, o principal ponto de discussão era se o "envenenamento da salsicha" era causado por um agente químico na salsicha ou por um factor biológico, ainda desconhecido. Vários agentes químicos, incluindo o ácido cianídrico, eram suspeitos. A próxima inovação significativa foi a previsão de que o agente responsável pelo "envenenamento da salsicha" poderia ser utilizado para tratar os sintomas de certas condições médicas.

Dr. Justinus Kerner (1786-1862)

O primeiro indivíduo a incentivar o conceito foi um jovem médico alemão, actualmente com 29 anos de idade, Dr. Justinus Kerner (1786-1862), que pesquisou em pormenor os últimos surtos de doença no sul da Alemanha. (Fig. 1). Justinus Kerner era um médico e poeta alemão. Era também conhecido como Wurst (palavra alemã para ' salsicha ') Kerner devido ao seu trabalho com o misterioso ' veneno da salsicha'. Em 1820 e 1822, Justinus Kerner publicou duas monografias detalhando os elementos clínicos do botulismo com base na história do caso de 76 e 155 pacientes, respectivamente [12]. Com base em experiências heróicas sobre si próprio e em animais de laboratório, Kerner produziu várias descobertas significativas sobre a toxina:

• Cresce em salsichas azedas em condições anaeróbias.

• Interrompe a transmissão do sinal motor no sistema periférico e autonómico.

• É letal em doses minúsculas.

Kerner também definiu correctamente todos os sintomas neurológicos do botulismo reconhecidos na medicina moderna, incluindo vómitos, espasmos intestinais, midríase, ptose, disfagia e insuficiência respiratória [14].

Fig. 1 Justinus Kerner estudou em detalhe os sintomas do botulismo e previu que
as salsichas podres de "veneno"
teriam uma capacidade para uso médico futuro.


Depois de estudar todos os componentes da comida envenenada, descobriu que algo na parte gorda da própria salsicha e não quaisquer outros ingredientes na preparação da salsicha (sangue, fígado, etc.) era responsável pela doença. Kerner pensou que este "veneno gordo" era de origem biológica e não química, uma afirmação ousada numa altura da história em que ainda não tinham sido descobertos agentes patogénicos microscópicos. Ele escreveu que o agente tóxico tinha de se mover através do sistema nervoso para desencadear a paralisia e outros sintomas da doença. A toxina prejudicava os nervos e tornava-os como "cabos eléctricos assados".

Kerner previu que o "veneno de salsicha" poderia ser usado no futuro para corrigir certos sintomas de certas condições médicas, particularmente os causados pela hiperexcitabilidade do sistema nervoso, que resultaram em movimentos anormais e hipersecreção de fluidos corporais (isto é, suor, muco), úlceras de doenças malignas, delírios, raiva, placa bacteriana e consumo de tuberculose pulmonar e febre amarela. Referiu-se ao movimento involuntário da "chorea" como um exemplo. A "chorea" é um distúrbio do movimento caracterizado por contracções involuntárias que podem influenciar o rosto ou os membros. A "chorea" pode ser hereditária (isto é, a coréia de Huntington) ou pode tornar-se secundária a doenças ou drogas não hereditárias. Actualmente, quase 200 anos após a previsão de Kerner, as injecções de toxinas botulínicas medicinais tornaram-se o tratamento de primeira escolha para muitas doenças de movimento, mas, curiosamente, são as menos usadas na coréia - a desordem de movimento que ele usou como exemplo.

Dr. Emile Pierre van Ermengem (1851-1922)

Foi um microbiologista e educado em Berlim sob Robert Koch (1843-1910), que foi o primeiro investigador a demonstrar que certos microrganismos podiam causar doenças no gado. As descobertas mais famosas de Koch incluíram antraz (1880), tuberculose (1882) e malária (1883). Em 1895, um surto de botulismo ocorreu após um funeral na aldeia belga de Elezelles, e van Ermengem foi o primeiro a correlacionar o botulismo com a bactéria encontrada em carne de porco crua, salgada e tecido pós-morte das vítimas que tinham comido carne contaminada (Fig. 2). Depois de van Ermengem ter isolado efectivamente esta bactéria, deu-lhe o nome de Bacillus botulinus, que passou a chamar-se Clostridium botuli [8].

Fig. 2 Emile Van Ermengem Reprodução fotográfica de obras de arte

Pesquisou o presunto podre comido por um grupo de 34 músicos, todos eles doentes depois de uma saída. Mostrou que o presunto estragado e os tecidos recolhidos de 3 pacientes que não sobreviveram continham uma grande quantidade de bactérias gram-positivas, em forma de bastão. (Fig. 3).

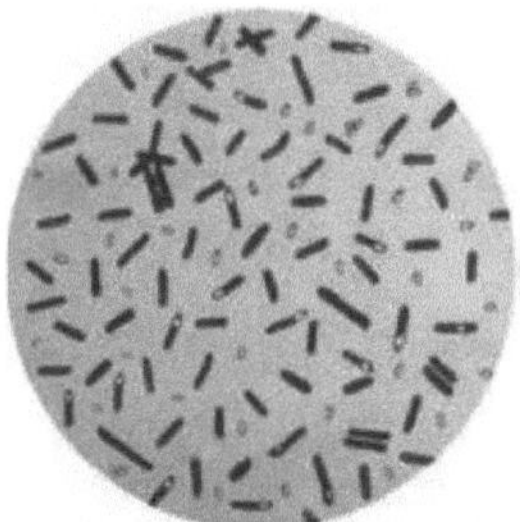

Fig. 3 Bactérias em forma de bastão gram positivo, clostridium botulinum

Van Emengem publicou um relato completo da sua descoberta da bactéria, bacillus botulinum, encontrada em 1897. Em 1919, G. Burke da Universidade de Stanford descreveu dois tipos serológicos primários para neurotoxinas botulínicas, nomeadamente toxinas tipo A e tipo B. Em 1924, Ida Bengstrom, uma bacteriologista sueco-americana, sugeriu a substituição do nome bacillus botulinum por clostridium botulinum.

A clostridia genética envolve um número de bactérias anaeróbias (que não requerem oxigénio), tais como as responsáveis pelo fabrico da toxina do tétano. O termo "clostridium" é derivado da palavra grega "Kloster" que significa fuso. O refinamento da toxina botulínica, que acabou por facilitar a sua utilização clínica, ocorreu durante a Segunda Guerra Mundial, quando houve interesse em produzir grandes quantidades de toxina e em encontrar medidas preventivas e terapêuticas em caso de exposição e intoxicação.

Fort Detrick, um centro de investigação de armas biológicas e toxina botulínica

Durante a Segunda Guerra Mundial, a Academia de Ciências dos EUA criou um laboratório chamado Fort Detrick em Maryland para investigar bactérias infecciosas perigosas e toxinas que poderiam ser utilizadas na guerra. A instalação foi criada pelos Professores EB Fred e Ira Baldwin da Universidade de Wisconsin e Stanhope Bayne-Jones da Universidade de Yale. Muitos outros bacteriólogos e médicos estiveram também estacionados em Fort Detrick para este fim. Em 1946, cientistas em Fort Detrick adquiriram uma forma cristalina de toxina botulínica A e a técnica foi utilizada [9].

Um investigador britânico em 1949, A. Burgen e os seus associados descobriram que a toxina botulínica bloqueia a substância transmissora do nervo "acetilcolina" na intersecção do músculo nervoso, levando ao impacto paralítico da toxina.

Em 1964, Daniel Drachman da Universidade Johns Hopkins provou que a injecção de toxina botulínica tipo A (BTX-A) nos corpos embrionários de pintos podia gerar uma dose dependente de desgaste muscular (atrofia) e enfraquecimento muscular [7].

Em 1972, o Presidente Nixon assinou a Convenção sobre Armas Biológicas e Toxínicas, que pôs fim a todos os estudos sobre agentes biológicos para utilização em conflitos. Fort Detrick foi formalmente encerrado nesse ano, mas a investigação sobre a utilização de botulinum e outras toxinas de origem alimentar para uso medicinal continuou na Universidade de Wisconsin sob a liderança de Edward Schantz [9]. Em 1979, Schantz tinha produzido um lote suficientemente grande de toxina botulínica A, denominada lote 79-11, constituída por 200 mg de toxina de cristal duplo aprovada pela FDA para uso humano. Esta preparação inicial manteve a sua toxicidade e esteve em uso até Dezembro de 1997[8]. Entre 1980 e 1990, foi elaborado um registo de lote mestre para a produção de toxina botulínica de qualidade médica e, em 1991, vários lotes de toxina botulínica A, bem como resultados de estudos, foram adquiridos por uma empresa farmacêutica chamada Allergen Inc. Subsequentemente, o agente foi denominado Botox [9].

A fase seguinte significativa teve início com o trabalho de Alan Scott (Fig.4) e dos seus pares em São Francisco, Califórnia.

Fig. 4 Alan Scott, o pioneiro do uso humano do tratamento de neurotoxinas botulínicas

Desde o início dos anos 60, Alan Scott, um oftalmologista, e o seu colega Carter Collins têm-se preocupado com a fisiologia dos músculos dos olhos e com a correcção do estrabismo (olhos cruzados) nas crianças através de uma técnica que não a ressecção muscular em torno do olho. O seu estudo concentrou-se na injecção de agentes anestésicos a estes músculos em macacos sob supervisão electromiográfica. A electromiografia regista a actividade eléctrica dos músculos por meio de uma ferramenta única. O Dr. Scott começou a investigar os impactos das injecções de toxina botulínica nos músculos dos olhos dos macacos através do trabalho de Drachman.

Edward Schantz, que estava na Universidade de Wisconsin nessa altura, forneceu uma toxina purificada e injectável para as experiências do Dr. Scott. No laboratório de Scott, a toxina foi congelada, tamponada com albumina e pronta para injecção em pequenas alíquotas. Em 1973, o Dr. Scott libertou o seu trabalho seminal na injecção da toxina botulínica tipo A nos músculos externos dos olhos dos macacos. O trabalho mostrou obviamente que a injecção de toxina pode enfraquecer selectivamente o músculo do olho visado e dar uma opção à cirurgia de estrabismo. A sua investigação subsequente em 67 pacientes com estrabismo (ao abrigo do protocolo autorizado pela FDA) divulgado em 1980 provou que a injecção de toxina botulínica era eficiente na correcção do estrabismo humano. Numa série de investigação de rótulos abertos, o Dr. Scott também demonstrou que a injecção de toxina botulínica nos músculos faciais humanos pode abrandar e mesmo prevenir movimentos faciais involuntários em circunstâncias como o blefaroespasmo (espasmo das pálpebras oculares) e o espasmo hemifacial (contracções involuntárias que afectam metade da face). Estas observações suscitaram um interesse substancial entre os especialistas em perturbações do movimento e, consequentemente, levaram à documentação da eficácia da terapia com BTX para um grande número de movimentos involuntários. Estas descobertas suscitaram um interesse considerável entre os especialistas em Distúrbios do Movimento e, como resultado, levaram à documentação da eficácia do tratamento com BTX numa grande quantidade de movimentos involuntários.

Finalmente, a sua observação na espasticidade (músculo tenso com tónus melhorado devido a lesão cerebral e medula espinal) de que a injecção de 300 unidades em humanos não causou quaisquer efeitos secundários indicou uma margem de segurança de pelo menos 300 unidades por injecção única de toxina botulínica tipo A em humanos que era desconhecida antes da sua observação

As tentativas do Dr. Scott, juntamente com o trabalho de Stanley Fahn e Mitchell Brin na Universidade de Columbia em Nova Iorque, e Joseph Janckovic no Baylor Medical College e Joseph Tsui na British Columbia, resultaram na autorização da toxina botulínica A (então chamada de oculinum, comercializada por Allergan - Botox 2 anos mais tarde) para a terapia do estrabismo, do blefaroespasmo e do espasmo hemifacial em 1989.

Enquanto os oftalmologistas de todo o mundo começaram a injectar toxina botulínica em pequenos músculos dos olhos para o estrabismo, outros peritos e cirurgiões começaram as suas próprias investigações sobre o uso da toxina botulínica em animais. Os neurologistas reconheceram que as injecções de toxina botulínica seriam eficazes no bloqueio neuroquímico da contracção muscular involuntária em grupos musculares maiores.

Em 1989, a FDA autorizou a toxina botulínica A para a terapia de contracções musculares involuntárias, estrabismo, blefaroespasmo e espasmos hemifaciais. As toxinas botulínicas A e B são também usadas fora do rótulo na neurologia para tratar torcicolos, quase todos os tipos de distonia, espasticidade, tremores, distúrbios vocais, paralisia cerebral em crianças, doenças gastrointestinais, tensões e enxaquecas, e síndromes de dor. Podem ser utilizadas doses até 300 U, dependendo do tamanho dos grupos musculares e da região da terapia.

Desde os anos 90, o Botox tornou-se bem conhecido do público como um meio de melhoria cosmética. Muitos canadianos conhecem a história da sua utilização em dermatologia. Em 1987, o oftalmologista Jean Carruthers observou que as linhas de franzido tinham desaparecido após a utilização da toxina botulínica A para o blefaroespasmo. A Dra. Carruthers partilhou as suas observações com o seu marido, Alastair Carruthers, um dermatologista. Juntos, os Carruthers tropeçaram numa operação cosmética que revolucionou o campo da melhoria cosmética.

Desde 1992, a dupla canadiana tem promovido a utilização do Botox através de campanhas de educação e formação. Em 1996, foi publicado o primeiro documento sobre o uso de Botox para fins cosméticos, e outra equipa da Universidade de Columbia fez pedidos comparáveis, embora os seus resultados só tenham sido divulgados mais tarde.

Actualmente, a toxina botulínica é utilizada em dermatologia para a terapia de linhas verticais glabelares e horizontais da testa, rugas actínicas, linhas laterais cantais (pernas de galinha), erupção nasal, elevação ou modelação de sobrancelhas, assimetria facial, rugas dos lábios superiores e covinhas no queixo. Relatórios desde meados dos anos 90 também definiram o Botox como extremamente eficiente para a hiper-hidrose axilar, palmas das mãos e plantas das pernas, [21] bem como medicamentos adjuvantes úteis para o resurfacing a laser e outros procedimentos cosméticos. Doses que variam entre 3 U para músculos faciais minúsculos e até 300 U para campos terapêuticos maiores, tais como a hiperidrose.

As injecções de toxina botulínica A são realizadas milhões de vezes por ano em todo o mundo. Uma vez utilizado um veneno alimentar como arma biológica, a toxina botulínica é actualmente um dos medicamentos mais versáteis para a terapia de doenças humanas em oftalmologia, neurologia e dermatologia.

O caminho foi agora aberto para a investigação dos impactos dos BTX em muitas outras perturbações do movimento e em muitos outros sintomas no sector médico. O que ocorreu nos próximos 29 anos é uma das histórias mais espantosas no campo da terapia médica. Uma poderosa toxina bacteriana que causava muito medo e apreensão desenvolveu-se até se tornar um agente terapêutico com eficácia documentada ou extremamente sugestiva no alívio de mais de 100 sintomas médicos. Descobriu-se que era geralmente segura quando utilizada com métodos de injecção correctos e de acordo com as regras de dosagem adequadas. Muito se aprendeu ao longo dos anos sobre a estrutura molecular das toxinas botulínicas e o seu modo de acção na junção nervo-músculo, tecido glandular, e vias de dor. Além do Botox, foram criadas mais duas neurotoxinas botulínicas de tipo A e posteriormente vendidas nos EUA sob os nomes comerciais de Xeomin e Dysport. Grande parte do trabalho na Europa tem sido realizado pelos principais investigadores Dirk Dressier e Reiner Benecki e seus colaboradores, que também têm sido instrumentais na concepção de muitos estudos europeus de Dysport e Xeomin [17]. A toxina tipo B também foi comercializada nos Estados Unidos sob a designação comercial de Myobloc (Neurobloc na Europa). Muito se tem aprendido sobre os benefícios e desvantagens destas toxinas ao longo do tempo. Encorajados por resultados promissores anteriores, investigadores conhecedores com mentes inovadoras realizaram estudos clínicos cautelosos, de alta qualidade e duplamente cegos. Os resultados destas investigações multicêntricas, que foram realizadas com uma quantidade considerável de pacientes, resultaram na aprovação da FDA para o uso de Botox para uma variedade de circunstâncias médicas. Em 2002, a FDA autorizou injecções de Botox no rosto para correcção de rugas e em 2004 a terapia autorizada com Botox e a diminuição da sudorese excessiva do braço (axila).

Em 2009, a FDA também aumentou as injecções de Botox para a terapia de um distúrbio do movimento incapacitante caracterizado por postura anormal do pescoço, dor no pescoço e agitação cervical (Distonia Cervical). O Botox foi aprovado para dois tipos de disfunções da bexiga em 2011 e 2013. medida que o estudo prosseguia, os resultados benéficos de dois grandes estudos multicêntricos (PREEMPT 1 & 2) que demonstraram a eficácia das injecções de Botox na pele e nos músculos à volta da cabeça em indivíduos com enxaquecas crónicas (15 ou mais dias de enxaqueca por mês) resultaram na autorização da FDA para a terapia com esta doença de decadência. O evento significativo seguinte na série de aprovações da FDA foi a aprovação dos sintomas muito prevalecentes de espasticidade (tensão e contracção muscular), uma incapacidade significativa para doentes com AVC, esclerose múltipla, e outras lesões cerebrais e da medula espinal, bem como para crianças com paralisia cerebral. A FDA autorizou a terapia com toxinas botulínicas para a espasticidade dos membros superiores em 2010 e a espasticidade dos membros inferiores em 2014. Deve ser observado que a aprovação da FDA para vários dos sinais acima (distonia cervical, sudorese excessiva, espasticidade) incluiu outras toxinas além do Botox (Xeomin, Dysport, Myobloc). Em relação a estes sinais médicos aprovados pela FDA, há quase vinte outros sintomas que se mostraram sensíveis às injecções de BTX em resultado de uma investigação bem concebida, cega e de alta qualidade. Entre estes, a maioria dos estudos de alta qualidade tem sido realizada na região da dor. Foi demonstrado que a injecção de BTX na ou sob a pele e/ou nos músculos resulta num alívio significativo da dor devido ao efeito de bloqueio dos BTX nos transmissores de dor e na redução da inflamação local. Outros ensaios clínicos bem concebidos demonstraram um aumento do tremor das mãos após a injecção de BTX nos músculos afectados [18].

Embora o Clostridium botulinum e as suas toxinas tenham sido pesquisadas durante centenas de anos, a investigação sobre os seus mecanismos de acção e outras aplicações médicas continua até aos dias de hoje. Esta ampla variedade de aplicações por BTX para a terapia de doenças médicas distintas representa os numerosos e variados processos de acção de BTX que serão discutidos nesta dissertação de biblioteca.

Quadro 1. Importantes cronogramas de desenvolvimento da toxina botulínica (BTX) para uso clínico

| Ano | Investigador(es)/FDA aprovações | Comentário |
|---|---|---|
| 1895 | Eric van Ermengem | Descoberta das bactérias causadoras do botulismo |
| 1920-1922 | Justinus kerner | Descreve detalhes do botulismo - prevê que a toxina possa ser utilizada no futuro como remédio médico |
| 1944-1946 | Lamanna e Duffy | Concentrar e cristalizar a toxina |

| 1946 | Edward Schantz | Produziu a toxina BTX IA de forma adequada<br><br>investigação médica |
|---|---|---|
| 1949 | Um Burgen | Acetilecolina identificada como o produto químico bloqueado por BXT na junção dos músculos nervosos |
| 1953 | Daniel Drachman | Injeção intramascular A toxina de Schantz pode ser quantificada e causa a semana da dose dependente do músculo em pintos. |
| 1973 | Alan Scott | A injecção de toxina de tipo A melhora o estrabismo em macacos. |
| 1980 | Alan scott | Maior espectro de utilização em humanos: estrabismo, blefaroespasmo, espasmo hemifacial, espasticidade |
| 1985-1988 | Fahn, Brin, Jankovic,<br><br>Tsui | Estudos controlados e cegos mostram eficácia em<br><br>Blefaroespasmo e distonia cervical |
| 1989 | Aprovação inicial da FDA de Toxina tipo A | Blefarespasmo, espasmo hemifacial e estrabismo |
| 1989-presente | Outras indicações aprovadas pela FDA | Rugas faciais, sudorese excessiva dos braços, distonia cervical, enxaqueca crónica, disfunção da bexiga, espasticidade dos membros superiores e inferiores, baba exessiva |

# PREPARAÇÃO

Preparação de toxina terapêutica de tipo A

Para ser aceitável para uso clínico, a toxina deve ser preparada em condições que garantam que o produto tenha normas adequadas de qualidade, segurança e eficácia. O produto deve ter uma composição e potência uniformes de lote para lote e deve ser estável em condições de armazenamento definidas durante um período conhecido. Os critérios acima referidos envolvem a implementação de boas práticas de fabrico, que traduzem procedimentos de investigação e desenvolvimento em operações de fabrico farmacêutico eficientes. Além disso, a potência das neurotoxinas necessita que seja considerada a garantia de segurança adequada dos operadores do processo em todas as fases de produção. No caso do produto fabricado no Centro de Microbiologia Aplicada e Investigação (CAMR), isto é conseguido através da aplicação dos princípios de contenção secundária a todas as fases do processo que envolvem o risco de gerar aerossóis de toxina de alta potência. Neste caso, a contenção secundária não só serve para proteger o trabalhador, como também prevê um nível adicional de separação do produto do ambiente geral de fabrico.

O botox é uma forma estéril, liofilizada (seca a vácuo) de BTX tipo A purificado produzido a partir da cultura de botulinum da estirpe C de Hall cultivada num meio contendo amina N-Z e extracto de levedura. É separado da solução de cultura por uma sequência de precipitação ácida para um complexo cristalino constituído pela proteína activa de alta toxina molecular e a respectiva proteína de hemaglutinina. O complexo cristalino é então redissolvido numa solução contendo soro e albumina para estabilização e filtrado estéril antes da secagem a vácuo. dentro da preparação de Schantz, 1 MU do complexo proteico cristalino pesou aproximadamente 0,043 ng. A quantidade de toxina botulínica A cromatograficamente purificada era de cerca de 0,006 ng. O novo lote tinha apenas 20 por cento do conteúdo proteico do lote antigo. Cada frasco de Botox inclui 100 MU de toxina botulínica C tipo A (variabilidade de 10%), 0,5 mg de albumina humana, e 0,9 mg de cloreto de sódio numa forma estéril, seca a vácuo, não conservante. Os frascos são armazenados no congelador antes de serem reconstituídos para uso clínico. O diluente sugerido é soro fisiológico normal não conservado. A utilização de soro fisiológico conservado durante a reconstituição pode alterar a resposta de dose. Agitação e abaulamento excessivos durante a reconstituição podem inactivar a toxina. O produto deve ser armazenado no frigorífico a 2° C a 8° C após reconstituição. A preparação de Dysport (BTX tipo A) é distinta em termos de MU, propriedades químicas, actividade biológica e peso. É fornecido em frascos de 500 MU, gerados pela purificação em coluna e não pelo método de precipitação utilizado para o Botox, e pode ser armazenado à temperatura ambiente.

Produção

A cultura de C.botulinum tipo A da semente verificada é inoculada num fermentador de aço inoxidável 30-1 operado em condições anaeróbias. Após 72h, o nível de toxina é de 2 x 106 LD50/ml de rato, após o que a cultura é acidificada para precipitar a toxina na forma em que é facilmente recuperada por centrifugação.

Purificação

A toxina precipitada é dissolvida e purificada por precipitação com reagentes antichaotropicos e cromotogramas de troca iónica para produzir uma substância activa a granel constituída por complexos do tipo M e L armazenados a 20°C.

Formulação e secagem por congelação

Após avaliação da potência do patogéneo purificado (substância activa natural) e da quantidade adequada da solução toxínica purificada, adiciona-se um diluente composto por lactose e albumina de soro humano e dispensa-se em frascos para liofilização. O diluente destina-se a proteger a toxina durante a liofilização e a actuar como um agente de volume para o produto liofilizado.

Controlos

São necessários vários controlos em processo e de qualidade para garantir a reprodutibilidade do sistema de fabrico. Por exemplo, a preparação de uma substância activa a granel é fundamentalmente um método em 8 fases, mas está sujeita a exames de controlo de qualidade e de processo. Além disso, a integridade, esterilidade, teor de humidade e potência dos frascos são inspeccionados no final do ciclo de congelação [22].

# ESTRUTURA E MECANISMO DE ACÇÃO

A toxina botulínica é estruturalmente uma proteína com equipamento ideal para utilizar uma série de mecanismos bem definidos para exercer a sua função. Existem 7 tipos diferentes de toxinas botulínicas (A, B, C, D, E, F, G) com apenas pequenas variações que são estruturalmente comparáveis. Nos seres humanos, os tipos A, B, E e F podem desencadear botulismo, enquanto que nos animais domésticos, os tipos C e D causam principalmente botulismo. Foram recentemente encontrados vários subtipos (A1, A2...). Há tentativas de estudo em curso para identificar a função destes subtipos. Actualmente, para uso clínico, apenas os tipos A e B são apropriados. A molécula de toxina botulínica (tipo A) é um complexo de cerca de 900 KiloDalton (KD) que consiste em toxina chave (150KD) e complexo proteico circundante (> 700 KD). As proteínas circundantes da toxina chave protegem a toxina da degradação após ingestão num ambiente hostil, como o ácido estomacal. Contudo, quando o BTX é injectado num músculo, as enzimas tecidulares (protease) separam rapidamente a toxina das proteínas adjacentes através de um método chamado "nicking". A molécula toxínica chave é então susceptível de atingir o seu objectivo nas extremidades nervosas através do sangue ou do sistema linfático. A junção neuromuscular é o ponto em que um nervo se liga a um músculo. O ponto em que um músculo entra em contacto com a extremidade de um membro (terminal nervoso) é também chamado de sinapse médica.

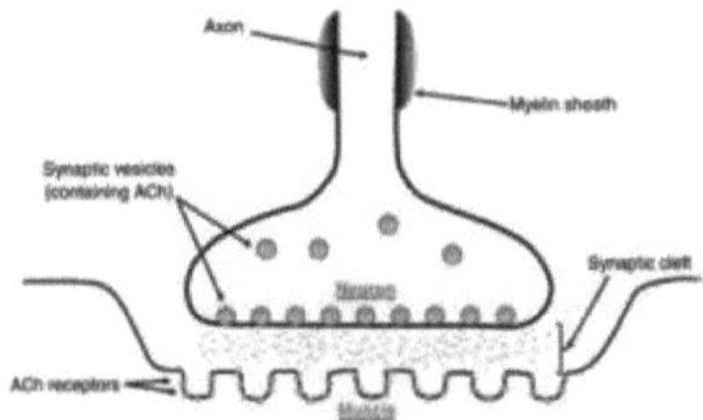


Fig. 5 Intersecção neuromuscular: nervo e nervo terminal, fibra muscular, e intersecção de fenda sináptica. O terminal nervoso apresenta vesículas contendo o neurotransmissor acetilcolinen

.

Na intersecção neuro-muscular, os sinais nervosos que chegam ao terminal nervoso levam à ruptura das vesículas e à libertação de moléculas de acetilcolina na fenda sináptica. As moléculas de acetilcolina ligam os receptores musculares à superfície muscular e activam o músculo.

Há muitas pequenas vesículas no nervo terminando perto do músculo que contêm um químico chamado neurotransmissor. Quando os sinais eléctricos do cérebro chegam ao cérebro, as vesículas quebram-se e fluem para a fenda sináptica. Então o neurotransmissor liga-se à membrana do músculo e activa o músculo (contrai-se). O neurotransmissor de junção nervo-músculo é um químico chamado acetilcolina. As neurotoxinas Botulinum injectadas podem relaxar, enfraquecer ou mesmo paralisar o músculo (com base na dose), impedindo as vesículas sinápticas de libertarem acetilcolina. O mecanismo pelo qual o BTX exerce o seu impacto na intersecção do músculo nervoso é complicado e necessita de alguma compreensão da estrutura molecular da toxina chave. Cada molécula toxínica é constituída por duas estruturas chamadas de cadeia leve (50 KD) e cadeia pesada (100 KD). (Fig. 6).

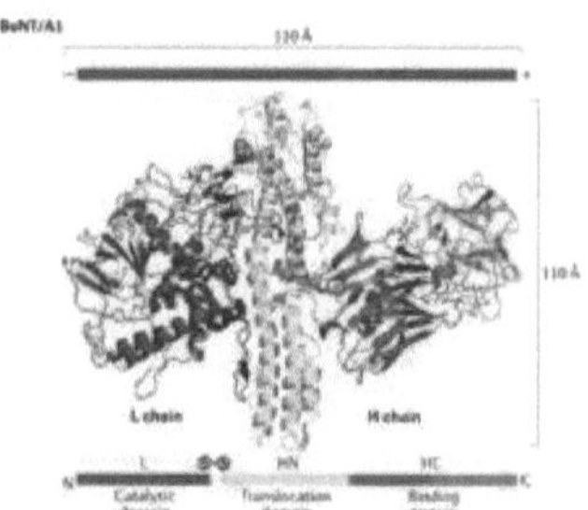

Fig.6 Estrutura molecular da toxina botulínica.

A toxina activa é a cadeia ligeira, o domínio catalítico. Existem dois componentes da cadeia pesada chamados domínios HC e HN (Fig. 6). O domínio HC (domínio de ligação) liga a toxina aos receptores das membranas das células nervosas. Sobre a membrana da célula nervosa existem 30 receptores aos quais o domínio HC da toxina se pode ligar. O receptor da toxina do tipo A é uma proteína chamada SV2. Para a toxina tipo B, um ganglioside (uma forma de açúcar complicado) e uma proteína chamada sinaptogamina foram reconhecidos como dois receptores. O receptor sofre modificações estruturais após o agente patogénico se ligar ao receptor e funciona como um canal que permite a passagem do vírus. O domínio HN da toxina (domínio de translocação) passa então toda a molécula toxínica através do receptor canalizado dentro do terminal da célula nervosa. Após entrar no terminal de células nervosas, a ligação dissulfeto do BTX quebra-se e as duas cadeias da toxina separam-se uma da outra. A cadeia ligeira (movimento activo da toxina) está agora livre para exercer o seu impacto e impedir a libertação da acetilcolina das vesículas sinápticas. Faz isto ligando-se a determinadas proteínas da sinapse cujo papel é fundir a vesícula à membrana nervosa. A fusão da vesícula com a membrana da sinapse provoca a ruptura do neurotransmissor, acetilcolina, e a sua libertação na fenda sináptica. SNARE (Soluble NSF Attachment Protein) é a proteína sináptica que encoraja a fusão e ruptura da vesícula. Os mecanismos de fusão vesicular e maquinaria sináptica, incluindo a função das SNAREs, foram determinados por um grupo de biólogos celulares ao longo dos últimos 3040 anos. Os mais notáveis destes investigadores são J.Rothman, R.Schekman e TC.Sudhof, que receberam o Prémio Nobel da Medicina & Fisiologia de 2013 pelo seu trabalho neste campo (Fig. 7).

Fig. 7 Dr. James Rothman, biólogo de células de Yale, vencedor do Prémio
Nobel de Fisiologia e
Medicina de 2013
pelo seu trabalho na fisiologia da sinapse

Enquanto dentro do terminal nervoso e separada da cadeia pesada, a cadeia ligeira do BTX está ligada a um determinado SNARE atraindo esse tipo particular de toxina (por exemplo, tipo A ou tipo B). A cadeia ligeira da toxina desactiva a proteína SNARE através da função enzimática da cadeia ligeira (uma protease activada por zinco) após a sua ligação à proteína SNARE. O resultado é a inibição da libertação da vesícula do neurotransmissor e, dependendo da dose do fármaco injectado, relaxamento, fraqueza ou mesmo paralisia muscular em caso de sinapse nervoso-muscular. Uma equipa de investigadores de Yale encontrou primeiro o SNARE para toxinas tipo A (Botox, Xeomin, Dysport) e deu-lhe o nome SNAP 25. Anexado à membrana terminal do nervo. O SNARE está ligado à própria parede da vesícula para a toxina do tipo B e é referido como Synaptobrevin.

A ligação dos BTXs A e B ao terminal nervoso é uma ligação de longo prazo que dura 3-4 meses em caso de junção nervoso-muscular. Esta longa duração de ligação é clinicamente desejável. Por exemplo, uma injecção poderia reter o relaxamento muscular durante todo o período de ligação em músculos espásticos e tensos de pacientes com AVC ou crianças com paralisia cerebral. A extremidade nervosa começa a brotar com o tempo e as novas terminações entram em contacto com várias fibras musculares. Finalmente, quando a ligação da sinapse termina, a sua função completa é retomada. Esta reversibilidade, que é a característica da função BTX, é muito distinta das circunstâncias da doença que frequentemente destroem a sinapse, levando à neurodegeneração e muitas vezes à perda permanente da função.

Quadro 2. Sequência da acção da toxina botulínica após a injecção no músculo

| Sequência da acção da toxina Botulinum após injecção no músculo | |
|---|---|
| 1 | Após a injecção no músculo, protease, uma enzima dentro do músculo separa a toxina do núcleo das proteínas protectoras à volta da toxina do núcleo |
| 2 | A molécula toxínica libertada atinge a junção dos músculos nervosos provavelmente através do sangue ou do sistema linfático |
| 3 | A cadeia pesada da toxina prende a molécula toxínica a certos receptores na superfície da extremidade do nervo terminal (SV2 para Botox) |

| 4 | Receptores abrem como um canal e deixam a molécula toxínica entrar no terminal nervoso |
|---|---|
| 5 | A ligação dissulfeto da toxina quebra-se no interior do terminal nervoso através da função de cadeia pesada |
| 6 | A cadeia de luz libertada da toxina (activa ou catalítica) atinge as proteínas SNARE e desactiva-as através da sua função enzimática |
| 7 | A desactivação da proteína SNARE evita a ruptura de vesículas sinápticas e a libertação de acetilcolina |
| 8 | Os músculos privados de activação de acetilcolina relaxam e enfraquecem ligeiramente, um efeito que melhora os espasmos musculares, o tónus muscular anormalmente elevado (espasticidade) e os movimentos involuntários. |

Transpiração e baba excessivas

Os nervos que excitam o suor, as lágrimas e as glândulas salivares derivam do sistema nervoso simpático. A acetilcolina é também um neurotransmissor para terminações nervosas simpáticas que fornecem suor e glândulas salivares aos nervos. As injecções de BTX dentro e abaixo da pele em locais onde estas glândulas se localizam (por exemplo, poço do braço, mãos e pés para as glândulas sudoríparas, e face para as glândulas salivares) reduzem eficazmente a transpiração e a baba. As injecções podem ser muito eficazes em doentes com transpiração excessiva nas mãos e pernas ou no poço do braço. Pacientes com excesso de baba também se podem dar bem quando toxinas botulínicas (tipo A ou B) são injectadas nas glândulas salivares. A glândula parótida está imediatamente abaixo da pele, acima do ângulo da mandíbula, e a glândula submandibular sob a mandíbula na intersecção da glândula medial é de um terço e a glândula lateral de dois terços. Por razões ainda não bem conhecidas, os efeitos do BTX nos nervos simpáticos que regulam a salivação e baba duram mais tempo do que os observados na junção nervo-músculo (geralmente 6 meses, e em alguns casos até um ano após uma injecção). O mecanismo molecular para prevenir a secreção de sangue, lágrimas e saliva é idêntico ao dado para a junção do nervo-músculo.

Dor

Esta é uma região de indicação bastante recente do BTX. Vários estudos de alta qualidade demonstraram a eficácia do BTX-A (Botox) para a enxaqueca e o Botox foi aprovado para utilização na terapia de enxaqueca crónica da FDA (2010) nos EUA. Outros ensaios demonstraram que em várias outras síndromes de dor os BTX são eficazes. Em caso de dor, as moléculas de Botox exercem o seu impacto sobre as fibras nervosas sensoriais através de uma cascata de mecanismo comparável. Estudos com animais mostraram que a injecção de Botox no músculo (intramuscular) ou sob a pele pode bloquear a libertação de vários transmissores de dor bem conhecidos como o glutamato, a substância P, e o peptídeo do género Calcitonin (CGRP). Nas terminações nervosas periféricas, estes agentes acumulam-se em resposta a estímulos periféricos nocivos e a sensação anormal invocada nos nervos periféricos é transmitida ao cérebro e percebida como dor através da sua acção. O bloqueio dos transmissores de dor das terminações nervosas periféricas diminui a sensibilização das terminações nervosas periféricas e alivia a dor.

Mais recentemente, com base em estudos com animais, foi elucidado um mecanismo extra "chave" para a acção das moléculas de toxina botulínica sobre a dor. O apoio a um mecanismo chave (medula espinal e potencialmente cérebro) emerge de várias linhas de estudo, duas das quais são delineadas :

1. Aplicação directa de BTX à dura-máter (cobertura cerebral) aliviou a dor facial e diminuiu a inflamação em animais de laboratório causada por dor induzida experimentalmente (ligação do nervo facial).

2. A injecção de BTX numa perna num modelo animal de dor na perna induzida por neuropatia diabética (danos nos tecidos devido a artrite) não só diminuiu a dor nessa perna mas também na outra perna sugerindo uma função analgésica através de um laço da medula espinal envolvendo células nervosas da medula espinal.

Contudo, estes mecanismos-chave não parecem ter qualquer impacto deletério na medula espinal ou cérebro (em doses autorizadas para uso clínico) uma vez que milhões de pacientes que recebem injecções de BTX todos os anos não se queixam de quaisquer efeitos secundários desfavoráveis ligados ao sistema nervoso central.

Os cientistas conseguiram recentemente criar uma molécula toxínica constituída por uma mistura de duas toxinas (por exemplo, quimera E / A toxinas), que pode visar especificamente as células nervosas sensoriais e, portanto, tratar especificamente a dor. A eficácia destas moléculas quiméricas na prática humana e clínica continua a ser observada [19].

# UTILIZAÇÕES CLÍNICAS DA TOXINA BOTULÍNICA

Embora o BTX seja actualmente a toxina mais frequentemente utilizada para melhorar as rugas faciais, tem sido tradicionalmente utilizado para tratar estrabismo, distonia da bexiga, e distonia cervical. Além disso, o BTX ainda é utilizado para tratar a hiperidrose, paralisia cerebral da fala, e espasticidade dos membros superiores. É também utilizado para fins cosméticos e terapêuticos em cirurgia oral e maxilo-facial.

## Aplicação cosmética de BTX

### Rugas faciais

A indicação cosmética mais popular para o BTX-A está na terapia de rugas para linhas de glabela e bandas platismáticas, e na terapia cosmética perioral como a terapia de gomas e assimetria do sorriso. As linhas glabelares, também conhecidas como linhas franzidas, acontecem naturalmente com a animação facial devido ao puxar da pele pelos tecidos subjacentes, principalmente o músculo procerus e a supercilii da onduladora. Com o envelhecimento e a actividade muscular facial crónica, estas linhas tornam-se mais proeminentes.

O potencial cosmético do BTX-A foi estudado pela primeira vez na terapia de linhas labiais hiperfuncionais em meados da década de 1980. O BTX-A tem sido utilizado desde então para tratar linhas glabelares e outras linhas faciais hiperfuncionais, tais como linhas horizontais de testa, linhas laterais cantais "pés de galinha", bandas de platysma e linhas periorais.

O sinal cosmético mais prevalecente da BTX está no tratamento de rugas para linhas de glabela e bandas platismáticas, e no tratamento de terapias cosméticas periorais tais como gomas e sorrisos assimétricos. Rugas como as linhas glabelares são uma animação facial espontânea que cresce quando os músculos faciais reduzidos apertam a pele e crescem principalmente através da acção dos músculos do procerus e da supercilii da onduladora. Além disso, com o envelhecimento e a prática contínua, esta linha torna-se mais evidente. BTX tem sido utilizado para tratar não só as linhas glabelares momentaneamente, mas também as linhas cantonais laterais linhas chamadas linhas horizontais de testa, bandas platismáticas, linhas periorais, e pés-de-galinha. Em ensaios randomizados controlados, a eficácia do BTX na diminuição das rugas faciais foi comprovada

É geralmente fácil de administrar BTX para tratamento de rugas. Considerando a anatomia da região a ser manuseada, uma dose apropriada é injectada perpendicularmente. Sabe-se que o BTX se espalha até cerca de 10 mm e por isso é injectado a partir de estruturas significativas tais como a órbita óssea a essa distância. Foram registados resultados bem sucedidos na terapia não só de linhas glabelares, mas também de rimas labiais verticais (linhas de batom) com realce mínimo e excelente satisfação do paciente, rugas mentalistas, hipertrofia orbicular reduzida das pálpebras e exposição gengival excessiva (sorriso gengival), que podem ser manipuladas injectando a toxina no lábio para elevar o músculo à medida que a quantidade de movimento diminui, enfraquecendo os elevadores labiais e o paciente exibe menos gengiva ao sorrir.

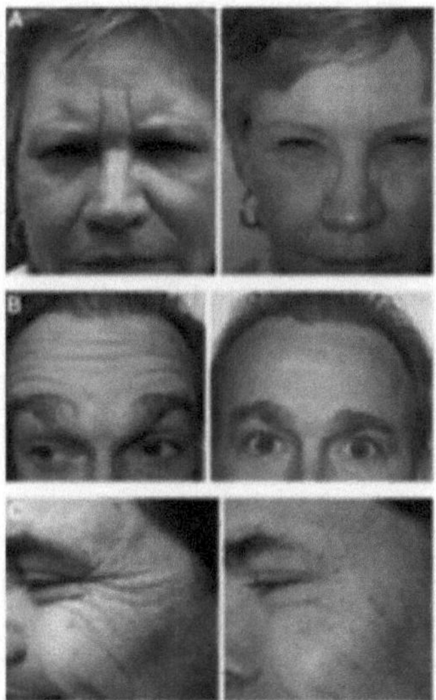

Fig 8. A, Tratamento bem sucedido da região glabelar. B, Tratamento frontalis bem sucedido. C, Tratamento cantálico lateral bem sucedido.

Hipertrofia muscular massetérica e temporal

Embora o ângulo mandibular proeminente cresça principalmente esquelético, a hipertrofia muscular do masséter unilateral ou bilateral também pode crescer, e causar assimetria facial. A hipertrofia massetérica resulta geralmente da assimetria anatómica da mandíbula, do uso regular assimétrico da mandíbula, do aperto durante a prática ou o sono, da mastigação excessiva da gengiva ou de malformações congénitas. Pode ser unilateral ou bilateral.


Uso terapêutico do BTX em Cirurgia Oral e Maxilo-facial.

Para uma lista crescente de circunstâncias decorrentes da hiperfunção muscular, o BTX desenvolveu-se de um veneno para um instrumento clínico versátil. Distrofias focais, tiques vocais e gaguez, acalasia cricofaríngea, múltiplas manifestações de tremor, espasmo hemifacial, disfunção da articulação temporomandibular, bruxismo, mialgia mastigatória, sialorreia, hiperidrose e dor estão incluídas na cabeça e pescoço. Recentemente, após implantação em protocolos de carga instantânea, foi indicado para uso clínico em implantologia dentária para a diminuição profiláctica da força do masséter e do músculo temporal. Além disso, esta abordagem terapêutica tem registado bons resultados não só na investigação experimental fundamental mas também na terapia de doenças secretas da glândula salivar, tais como a sialorreia e a síndrome de Frey. Além disso, o BTX é utilizado na terapia da dor facial e da paralisia.


Articulação temporomandibular (TMJ)

Sabe-se que a TMD nos músculos mastigatórios adjacentes à articulação temporomandibular (TMJ) está fortemente associada à dor. A implementação de BTX nesta condição aliviou a dor induzida tanto pela DTM como pela hiperactividade mastigatória e tem sido eficaz no tratamento da luxação da ATM. Os doentes com TMD recebem geralmente BTX nos músculos mastigatórios vizinhos, tais como o masséter e as estruturas dos temporais. Esta abordagem tem efectivamente melhorado a parafunção, tais como o cerramento, bruxismo e sintomas da DTM. Os doentes com DTM deparam-se frequentemente com limitações de abertura da boca, e o tratamento com BTX pode relaxar os músculos mastigatórios vizinhos e, assim, aumentar o inchaço muscular, levando a uma melhor abertura da boca. Foi também notado que a injecção de BTX nos músculos mastigatórios, incluindo os músculos pterigóides laterais, tem um impacto terapêutico benéfico.

Muitos relatórios da terapia BTX-A para doenças da ATM abordaram a ATM e dores musculares mastigatórias, diminuição da capacidade de abertura da mandíbula, luxações recorrentes da ATM e hiperactividade mastigatória. A maioria destas investigações foram séries de casos. As doenças temporomandibulares (DTM) são subgrupos de doenças músculo-esqueléticas e reumatológicas e são consideradas como a principal causa de dor orofacial. As TMD podem ser divididas em músculos pertencentes à articulação (miofasciais) e os pertencentes à própria articulação (artrógenas). Os sintomas mais comuns das DTM são o ruído articular, a dor e uma variedade limitada de movimentos mandibulares. A terapia de orientação dos componentes musculares das DTM, que pode ser reconhecida como um cerramento não espástico ou bruxismo em alguns pacientes, poderia produzir benefícios terapêuticos significativos. O BTX-A tem sido eficiente na terapia de efeitos secundários altamente específicos e toleráveis de alguns pacientes com DTM. Sob controlo electromiográfico ou ultra-sónico, são geralmente realizadas injecções. Não há uma causa clara de dor miofascial crónica. Há algum consenso sobre o envolvimento variável dos mecanismos periféricos e centrais na propagação da dor nas DTM. A injecção de BTX-A nos músculos masséter e temporal dos pacientes com DTM reduziu a dor subjectiva e a sensibilidade em alguns pacientes em conjunto com o enfraquecimento objectivo e subjectivo dos músculos mastigatórios e não antes. Esta observação foi atribuída à alegada acção do BTX nos nociceptores e ao impacto inibitório da ligação de um determinado receptor de proteínas dentro do compartimento intracelular na libertação de neuropeptídeos e moléculas inflamatórias como o peptídeo relacionado com a calcitonina, a substância P, e o glutamato.

Após o tratamento BTX, a maioria dos pacientes com abertura bucal limitada encontrou algum grau de melhoria na amplitude máxima do movimento vertical. O relaxamento muscular, a diminuição da inflamação muscular e da ATM, e a resposta à dor podem levar a esta descoberta.

Estudos anteriores indicam que a actividade pterigóides lateral ou o atrito entre as superfícies articulares do disco e o côndilo causando estalido pode causar, precipitar ou manter o deslocamento articular do disco. A injecção de BTX no músculo pterigóides lateral diminuiu o estalido relacionado com o TMD. Em alguns casos, o estalido foi continuamente eliminado na relação disco-côndilo com um pequeno mas único melhoramento posicional. O termo "bruxismo" vem da palavra grega brychein, que significa ranger ou ranger os dentes. Quando a dor de cabeça grave, a hipertrofia do masséter, a disartria, a destruição da ATM, e o desgaste dentário estão correlacionados com esta moagem rítmica. Vários ensaios delinearam a terapia de bruxismo BTX. Alguns escritores descobriram que na maioria dos sujeitos, a injecção de BTX-A nos músculos flexores da mandíbula gerou reduções subjectivas e objectivas na força de contracção voluntária dos músculos. Não houve estudos em dupla ocultação para avaliar a eficácia do bruxismo da terapia de BTX.

A artrocentese é um procedimento cirúrgico menos invasivo do que a artrotomia aberta para aliviar a dor e disfunção associadas a casos crónicos de perturbações internas da ATM. A injecção de BTX intramuscular como coadjuvante da artrocentese da ATM deu resultados encorajadores no que diz respeito à duração da melhoria, indicando sinergia entre os dois procedimentos. A ATM é deslocada quando o côndilo mandibular é empurrado anteriormente para além da eminência articular. É responsável por 3% de todas as articulações deslocadas relatadas. Foram relatados vários relatos anedóticos de BTX-A a serem utilizados como terapia para a luxação da ATM, mas é necessário um ensaio clínico controlado para demonstrar a sua eficácia. Primeiro, o BTX-A foi utilizado para tratar erros cirúrgicos e depois utilizado como terapia original. O músculo escolhido difere com cada situação, mas o pterigóides laterais mais frequentemente reportado. O tratamento apenas do músculo pterigóides lateral parece adequado para evitar deslocamentos momentaneamente recorrentes da ATM, mas a porção superficial do masséter no ângulo mandibular também foi injectada em alguns relatórios. A injecção de BTX é invasiva, mas uma opção que é comparativamente conservadora. É especificamente declarada em pacientes que falharam na terapia conservadora da luxação recorrente da ATM e para os quais a cirurgia acarreta riscos significativos. O tratamento por injecção de BTX é também uma alternativa em pacientes que sofrem de luxação recorrente da ATM como consequência de uma coordenação muscular deficiente secundária à distonia oromandibular, disquinesias neurolépticas causadas precocemente e tardiamente, epilepsia e síndromes do sistema cerebral. Também foi relatada a terapia BTX de luxação prolongada da ATM após circunstâncias médicas tais como encefalopatia anóxica e acidente vascular cerebral ou evento cerebrovascular, o que poderia resultar num aumento da verbalização, mastigação e melhoria da qualidade de vida.

Perturbações do secretariado salivar

A xerostomia é uma das primeiras manifestações do botulismo que levou à sua implementação para a sialorreia e baba a ser investigada. A injecção tópica de BTX-A tem sido utilizada há muitos anos em doenças neurológicas como uma alternativa minimamente invasiva para a terapia da sialorreia. A sua maior restrição nesta indicação é a sua eficácia transitória (3-4 meses), o que requer numerosas e dispendiosas administrações. O efeito terapêutico baseia-se no impacto inibidor da toxina sobre as células da glândula salivar receptores colinérgicos mostrados em experiências em animais. Um modelo animal original mostrou uma redução significativa no fabrico de saliva para as células de acinar sem toxicidade imediata. Só são acessíveis estudos-piloto com grupos relativamente pequenos de doentes com um seguimento curto, embora aqui estejam alguns estudos de sialorreia relacionados com a doença de Parkinson (ensaios clínicos aleatórios). O resultado da utilização de BTX-A na terapia de baba parece ser consistentemente benéfico; os resultados preliminares são promissores, com relatos raros de complicações graves.

Na doença de Parkinson, esclerose lateral amiotrófica, paralisia cerebral, e carcinoma do tracto digestivo superior, o BTX descobriu aplicação para a sialorreia. Também foi utilizado para saliva acumulada e baba induzida por distúrbios de deglutição após actividades tumorais do tracto aerodigestivo superior e para doenças do tecido glandular como sialoceles e cistos salivares pós-traumáticos e iatrogénicos ou fístulas salivares após sialadenectomia ou cirurgia do cancro orofaríngeo. Também tem sido utilizado com sucesso no tratamento da síndrome auriculotemporal (Frey), uma vez que diminui a região da pele afectada pela sudorese gustativa ao inibir as glândulas sudoríparas anormalmente reinervadas da via colinérgica. Em estados de baba momentânea, o BTX-A também tem benefícios porque o seu impacto é apenas temporário. A injecção de BTX levou a uma diminuição da quantidade de episódios de inchaço da parótida em doentes com parotites recorrentes e crónicas. Em alguns casos, o BTX-B também foi bem sucedido. Excepto para aqueles com síndrome de Frey tratados intracutaneamente, todas as injecções são dadas por via percutânea, quer intraparenquimatosa ou perilesional. O fluido extravasante deve ser drenado previamente em caso de sialoceles. No tratamento de doenças salivares secretas, alguns escritores ainda usam injecções de BTX sob controlo EMG. De acordo com outros, a infiltração intraparenquimatosa com assistência ultra-sonográfica é preferível e aumenta a eficácia e segurança. Outros não descobriram qualquer distinção nos impactos indesejáveis do método de aplicação do medicamento.

Dor facial (que não de origem miofascial)

A dor facial crónica coloca frequentemente questões de gestão desafiantes que requerem consultas interdisciplinares e numerosos esforços terapêuticos. As injecções de BTX mostraram alguns benefícios em termos de segurança e eficácia.

Estas observações resultaram na investigação de síndromes de dor nãodistónica, tais como a dor miofascial e a dor de cabeça de tensão, que geraram resultados positivos e foram depois estudadas em ensaios controlados maiores. Foram realizados vários ensaios sobre o uso de BTX-A em condições de dor, tais como dor de cabeça de tensão, dor miofascial, enxaqueca, neuralgia do trigémeo, bruxismo e lesão hemifacial. No pós-operatório de dor na ferida, o BTX-A foi descoberto promissor, incluindo cirurgia facial e oral reconstrutiva, cirurgia tradicional e endoscópica do seio, cirurgia da ATM, e reparação da fractura por explosão. A dor facial crónica pós-dentária foi correlacionada com maus resultados.

Foram registadas vantagens semelhantes com a utilização do BTX-B. É difícil avaliar a eficácia final do BTX na dor e as informações acessíveis não permitem conclusões definitivas. Outros ensaios não indicaram que o BTX-A tivesse um impacto positivo.

Paralisia dos nervos faciais (FNP)

O FNP é uma doença desfiguradora que tem sido tratada eficazmente com vários elementos utilizando BTX.

A injecção de BTX, através de uma via orbital ou de um vinco cutâneo, proporciona um bom meio de induzir uma ptose protectora, paralisando temporariamente a pálpebra superioris do elevador. Esta ptose induzida intencionalmente pode ser útil em pacientes de cuidados intensivos para prevenir a dessecação da córnea. A sincinese é um movimento muscular involuntário e descoordenado ligado ao movimento voluntário do músculo. O BTX-A é frequentemente utilizado com uma melhoria acentuada para aliviar os sintomas da sincinese.

A quimio-denervação do lado comum com BTX foi registada como um instrumento eficaz de disfarce em pacientes com assimetria facial. Neste ambiente, o BTX diminui a hipercinesia relativa do lado contralateral à paralisia, levando a que o rosto seja mais simétrico. Após a paralisia facial, pode crescer uma ligação aberrante das fibras salivares sceromotoras às fibras da glândula lacrimal, causando hiperlacrimejamento sempre que a pessoa está a salivar (lágrimas de crocodilo). Nestes casos, a injecção de BTX na glândula lacrimal é um tratamento de hiperlacrificação bem sucedido.

Outras paralisias nervosas

O trauma é uma causa prevalecente de paralisia adquirida do terceiro nervo em adultos e crianças. Estes doentes têm menos probabilidades de recuperar de outras causas do que os que sofrem de paralisia. A injecção de BTX reduz a probabilidade de contractura do músculo rectal lateral, permitindo que a função do músculo rectal medial regresse.

Durante um trauma orbital grave, o nervo abduzido pode ser ferido. Nestes casos, a injecção de BTX do músculo rectal medial foi pesquisada com melhorias variáveis,

Perturbações dos movimentos musculares

O BTX tem sido utilizado na terapia de várias doenças neuromusculares desde 1977 como agente terapêutico. As injecções de BTX-A para distonia focal e espasmos musculares são consideradas como uma terapia local segura e eficaz. Outros serótipos com efeitos semelhantes têm sido utilizados. A distonia relaciona-se com uma contracção muscular específica involuntária. A utilidade da terapia com BTX no tratamento da distonia oromandibular, distonia cervical (torcicolo espasmódico), espasmo hemifacial, discinesia tardia, e distonia tardia da língua está documentada em numerosas pesquisas. Uma forma particular nesta categoria é a hipercinesia platismática. Os dados sobre a terapia eficaz da platysma com BTX estão quase sempre ligados na literatura à sua utilização para sinais estéticos.

Uso peri-operatório de toxinas botulínicas

O movimento involuntário pós-operatório pode ser prejudicial à cura em pacientes com distúrbios de movimento que requerem cirurgia. O BTX enfraquece o músculo para que a recuperação pós-operatória e a cura possam ser melhoradas. Se os músculos em causa são injectados com BTX antes da cirurgia, melhora a cicatrização da ferida. Os pacientes submetidos a cirurgia reconstrutiva das pálpebras tiveram uma boa cicatrização da ferida após terapia adicional com BTX em cirurgia maxilo-facial. Nas lacerações faciais cicatrizantes de feridas que necessitam de cirurgia, o BTX era melhor que o placebo.

O BTX tem sido utilizado para imobilizar músculos após fracturas na mandíbula para diminuir as forças de deslocamento nas extremidades da fractura e para conseguir uma excelente imobilização, particularmente se não houver ou for viável uma fixação interna rígida. O BTX também foi útil para implantes dentários durante a fase original de osseointegração. Esta indicação é sobretudo experimental, mas alguns escritores descobriram-na segura e eficiente após a implantação em protocolos de carga instantânea na diminuição profiláctica da força do masséter e do músculo temporal.


Futuro


A toxina botulínica (BTX) tem sido utilizada há mais de 20 anos, com notável sucesso, para tratar múltiplas circunstâncias induzidas por hiperactividade muscular ou exócrina (Scott 1980; Moore e Naumann 2003). Está actualmente a ser estudada para utilização na terapia de síndromes de dor. O tratamento BTX é o tratamento de escolha para a maioria das suas indicações. Para alguns, o tratamento revolucionou completamente. Isto, juntamente com a sua utilização explosiva em cosméticos, produziu um sector com receitas anuais de mais de mil milhões de dólares. No entanto, 20 anos após este tratamento, ainda usamos mais ou menos dos medicamentos BTX iniciais.

O primeiro medicamento BTX foi registado como Oculinum em 1989. O seu nome foi alterado para Botox em 1992. Em 1999, a formulação modificada de Botox foi colocada no mercado, mantendo o nome estabelecido. Em 1991, o Dysport foi registado como outro medicamento de BTX tipo A, e em 2000 o NeuroBloc/Myobloc tornou-se acessível como o primeiro e até agora único medicamento BTX tipo B. Quando o NeuroBloc/Myobloc foi introduzido na sociedade neurológica, tornou-se rapidamente evidente que tinha uma afinidade muito maior com as sinapses autonómicas do que com as sinapses motoras em comparação com os medicamentos BTX tipo A (Dressler e Benecke 2003) resultando em frequentes efeitos secundários autonómicos na terapia de doenças motoras. Isto, juntamente com a sua elevada antigenicidade (Dressler e Bigalke 2004), evitou a sua utilização generalizada. Em 2005, o Xeomin tornou-se verdadeiro na Alemanha e está actualmente a propagar-se a outras nações europeias.

Um dos maiores problemas com os medicamentos BTX é a sua antigenicidade. O insucesso do tratamento anti-corpo (ABTF) é incomum para certos sinais, incluindo o blefaroespasmo e a distonia cervical. A frequência do uso de ABTF de medicamentos BTX em tecidos particularmente imunocompetentes, tais como a pele, é desconhecida. A frequência de ABTF é também amplamente desconhecida em sinais de altas doses, tais como espasticidade ou distonia generalizada. Assumindo uma correlação entre a frequência de ABTF e as doses de BTX aplicadas, a frequência de ABTF deve ser maior em sinais de dose elevada do que em blefaroespasmo e distonia cervical.

A ABTF tem um impacto significativo no paciente individual. O seu impacto mais profundo, contudo, não é visto quando realmente acontece, mas sim quando são consideradas estratégias para o evitar. Estas políticas de prevenção diminuem significativamente o verdadeiro potencial do tratamento com BTX. Isto é demonstrado pelos seguintes exemplos:

Injecções de reforço: Ocasionalmente, uma dose ideal de BTX não é detectada na primeira série de injecções durante a fase de descoberta da dose. As injecções de reforço, ou seja, as séries de reinjecção administradas menos de três semanas após a sequência de injecção passada, poderiam optimizar rapidamente o resultado da terapia. Contudo, a fim de evitar ABTF, as injecções de reforço não devem ser utilizadas de acordo com o consentimento geral.

Reinjecções prematuras: as reinjecções devem ser implementadas quando o impacto do BTX se desvanece no final do ciclo terapêutico. Mais uma vez, de acordo com o consentimento geral, tais reinjecções não devem ser utilizadas no prazo de três meses após a sequência de injecção passada, a fim de evitar a ABTF.

Doses adequadas de BTX: o tratamento de casos de distonia grave e espasticidade grave envolve frequentemente a utilização de doses significativas de BTX. Além disso, doses maiores de BTX não são frequentemente utilizadas para prevenir o ABTF. Injecções de reforço, reinjecções prematuras e uma dose apropriada de BTX poderiam ser componentes do tratamento de BTX se os medicamentos BTX com diminuição da antigenicidade fossem acessíveis. Esta diminuição da antigenicidade pode ser conseguida através de uma variedade de métodos.

Uma abordagem para diminuir a antigenicidade é diminuir a carga proteica do medicamento BTX. Todos os medicamentos BTX contêm neurotoxinas botulínicas biologicamente activas e biologicamente inactivas. A actividade biológica específica (SBA) é a ligação entre BTX activo e inactivo (Dressier e Hallett 2006). A neurotoxina botulínica biologicamente inactiva não é útil para o tratamento de BTX; contudo, pode funcionar como um antigénio. Por conseguinte, os medicamentos de BTX imunologicamente melhorados devem conter o mínimo possível de neurotoxina botulínica inactiva. Com a nova formulação de Botox, introduzida entre 1998 e 1999, a SBA poderia ser aumentada para 60 unidades equivalentes de rato/ng de neurotoxina botulínica (Jankovic et al. 2003). Posteriormente, estudos prospectivos verificaram uma melhor antigenicidade (Jankovic et al. 2003). Para a Dysport, a SBA é equivalente a 100 unidades de rato/ng de neurotoxina botulínica, 5 para NeuroBloc/Myobloc, e 167 para Xeomin (Dressler e Hallett 2006). Portanto, a Xeomin tem a maior SBA de todos os medicamentos BTX actualmente licenciados. Por conseguinte, também deve ter a menor antigenicidade possível.

A remoção de proteínas complexantes poderia ser outra abordagem para diminuir a antigenicidade dos medicamentos BTX (Lee et al. 2005). Esta estratégia também tem sido aplicada ao crescimento do Xeomin. No entanto, não é evidente se esta abordagem é eficiente num ambiente clínico e precisa de ser avaliada.

A protecção de epitopos de neurotoxinas botulínicas antigénicas pode ser uma das abordagens para diminuir a antigenicidade. A abordagem mais eficiente, contudo, parece ser o desenvolvimento da neurotoxina botulínica de alta afinidade.

A neurotoxina botulínica de afinidade elevada poderia diminuir drasticamente a quantidade de neurotoxina botulínica utilizada e, por conseguinte, a quantidade de antigénio utilizado. A investigação sobre este assunto está actualmente em curso.

Objectivos de desenvolvimento adicionais

Aplicações Transdermal BTX: O tratamento da hiperidrose necessita de uma grande região de tratamento intradérmico de BTX. Devido às características de difusão intradérmica dos medicamentos BTX, são necessárias três a cinco injecções por 10 cm2 de região de pele. Estas injecções são dolorosas, mas podem ser toleradas na axila. No entanto, são frequentemente dolorosas na palma e na sola do pé. A anestesia cutânea não é viável nestes campos.

Os medicamentos BTX actualmente disponíveis não conseguem penetrar na pele devido ao seu tamanho molecular e não são, portanto, trans dermatologicamente relevantes. Os fármacos BTX transdérmicos melhorariam significativamente o cumprimento destas indicações por parte dos doentes.

Drogas BTX etiquetadas: Recentemente, foi feita uma proposta para uma implementação de BTX guiada por CT, MRI, ou métodos de ultra-som. A rotulagem de medicamentos BTX por raio-X, MRI, ou material de contraste por ultra-sons poderia optimizar esta estratégia.

A etiquetagem óptica poderia melhorar as aplicações de superfície BTX. A etiquetagem radioactiva poderia ser utilizada para rastrear o BTX dentro do organismo. A etiquetagem óptica também poderia melhorar o manuseamento de medicamentos BTX durante a fase de reconstituição.

Soluções prontas: De todos os medicamentos BTX disponíveis, apenas o NeuroBloc/Myobloc vem como uma alternativa pronta. Todos os outros medicamentos BTX devem ser reconstituídos com 0,9% de NaCl/H2O. Evitar a reconstituição pouparia uma quantidade significativa de tempo.

No passado, as restrições de temperatura aplicavam-se ao armazenamento de todos os medicamentos BTX, a fim de preservar a estabilidade do produto. Quando Xeomin foi implementado, a refrigeração de medicamentos BTX tornou-se desnecessária pela primeira vez, melhorando significativamente o manuseamento de medicamentos. Estabilidade semelhante do produto com outros fármacos BTX também deveria ser viável. A melhoria da estabilidade do produto poderia também prolongar o prazo de validade do medicamento reconstituído, aumentando assim a economia do tratamento com BTX.

O BTX é obviamente seguro e eficiente numa variedade de circunstâncias neurológicas e não-neurológicas, mas as tentativas contínuas visam desenvolver produtos frescos e melhorados. Uma formulação fresca de BTX submetida a ensaios clínicos é daxibotulinumtoxinA (RT002; Revance

Therapeutics, Inc., Newark, CA), também referida como RTT150, consistindo em 150 kDa BTX A purificado, livre de proteínas acessórias, desenvolvido num produto farmacêutico liofilizado composto por um novo excipiente RTP004, um único peptídeo sintetizado de cadeia recta, constituído por 35 L-aminoácidos.

Outra toxina actualmente em estudo na Ásia é o MT10107 (Meditox, Chungcheongbuk-do, Coreia do Sul), uma preparação de BTX / A extremamente purificada sem qualquer proteína molecular não tóxica e livre de albumina de soro humano. A fim de avaliar a sua eficácia comparativa, MT10107 foi contrastado com onaBTX / A num ensaio controlado duplo-cego, aleatorizado, no qual 25 machos saudáveis receberam uma dose escolhida aleatoriamente de MT10107 no músculo digestivo brevis e uma dose equivalente de BTX- A foi injectada no músculo digestivo extensor contralateral brevis. Não houve distinção importante na eficácia ou eficácia.

Os medicamentos BTX não se encontram no fim do seu ciclo de desenvolvimento, mas sim no início do seu ciclo de desenvolvimento. Os fármacos actualmente disponíveis para BTX são seguros e eficientes. No entanto, devem estar sujeitos a um processo constante de crescimento.


Limitações


As características distintivas e as propriedades farmacológicas do BTX tornaram-no uma opção terapêutica versátil para uma quantidade crescente de indicações. As terapias BTX actualmente acessíveis têm alguns constrangimentos. Estes incluem, mas não estão limitados à optimização das terapias actuais, incluindo decisões de dosagem, locais de injecção, métodos de injecção, intervalo de injecção, criação de tipos distintos de produtos BTX A com características farmacológicas distintas, exploração de novas indicações para BTX, desenvolvimento futuro na terapia de doenças neuronais como a dor crónica, novo BTX para terapia do sistema nervoso central, desenvolvimento de novos produtos baseados em BTX para o controlo de doenças de hipersecreção não neuronal, desenvolvimento de produtos BTX com imunogenicidade reduzida, e exploração de outros serótipos BTX como agentes terapêuticos.

Contra-indicações como gravidez e amamentação, perturbações da junção neuromuscular (miastenia gravis, esclerose lateral amiotrófica, miopatias), e interacções medicamentosas teóricas (antibióticos aminoglicosídicos e bloqueadores dos canais de cálcio) limitam o uso de BTX. O uso clínico de BTX é restrito a circunstâncias que influenciam a actividade neuromuscular devido ao tropismo neuronal do BTX: reconhecimento de receptores de superfície celular neuronais específicos e proteínas SNARE neuronais como substratos.

As isoformas não neuronais SNARE estão envolvidas em mecanismos celulares divergentes, incluindo respostas de fusão de crescimento celular, reparação de membranas, citoquinas e transmissão sináptica. Por exemplo, os complexos SNAP23 com proteína de membrana não neuronal associada à vesícula (VAMP) e isoforma sintaxina mediam procedimentos exócitos vesiculares não neuronais, incluindo secreção de muco das vias aéreas, anticorpos, insulina, ácidos gástricos, e iões. O SNAP23 com BTX alterado pode diminuir o processo de secreção de síndromes de hipersecreção. As vantagens terapêuticas do BTX para a terapia de circunstâncias ligadas a espasmos e contracções musculares involuntárias, para uso cosmético, e outras aplicações são injecções temporárias e repetidas. Em alguns pacientes, o BTX poderia induzir anticorpos neutralizantes contra a respectiva toxina, diminuindo assim os impactos positivos ou tornando o paciente totalmente insensível à terapia posterior. A proporção precisa de pacientes que podem desenvolver imuno-resistência à terapia com BTX é desconhecida, mas pensa-se amplamente que há menos pacientes que desenvolvem anticorpos de bloqueio quando manuseados com BTX A do que com BTX B. Isto deve-se provavelmente à utilização de doses reduzidas de BTX A complexo em comparação com o complexo BTX B. O crescimento de anticorpos de bloqueio é também mais prevalente em pacientes que recebem terapia para distonia cervical ou espasticidade que requerem doses mais elevadas e administração regular de toxina, enquanto que é menos prevalente em pacientes que recebem terapia para distonia laríngea, blefaroespasmo ou uso cosmético, todos os quais requerem doses mais baixas para terapia. A redução da quantidade de terapia pode ajudar a diminuir o crescimento da imuno-resistência [19].

Complicações

As complicações da injecção de BTX-A podem ser categorizadas em três, ou seja, sistémico, local, e diminuição do impacto terapêutico Devido à formação de anticorpos. O botox tem uma margem de segurança elevada. A imunogenicidade, alergia e problemas locais são os efeitos secundários mais significativos registados para o uso cosmético de BTX. Os anticorpos neutralizantes das toxinas BTX-A podem levar a falhas terapêuticas.

A resistência clínica ao BTX-A foi estimada em 7% e o BTX-B como um agente terapêutico alternativo. Em teoria, um paciente pode ter uma reacção alérgica porque a albumina humana é utilizada na preparação de Botox, mas nenhum caso foi registado. As complicações sistémicas desenvolvem-se principalmente quando é injectada uma overdose de BTX-A, incluindo náuseas, fadiga, mal-estar, sintomas semelhantes aos da gripe, tais como febre e arrepios, aumento da pressão arterial, diarreia, dores abdominais e respostas alérgicas.

As complicações locais que podem diferir dependendo da localização da injecção incluem dor de cabeça, dor no local da injecção, edema, equimose, ptose, síndrome do olho seco, lagofthalmos, edema orofacial, disfonia, e anomalia sensorial.

O impacto negativo mais prevalecente é a dor de cabeça. Embora tenha sido reconhecido que as dores de cabeça induzidas por BTX-A crescem dentro de 24 horas após a injecção, tendem a diminuir com a crescente frequência da injecção. Verificou-se, portanto, que a dor de cabeça está ligada à injecção com base num artigo que relata uma meta-análise. As contusões ou equimoses podem crescer em qualquer região e é essencial evitar vasos superficiais, utilizando a agulha mais fina possível e luz brilhante para uma iluminação apropriada durante a operação para evitar isto. A ptose cresce geralmente à medida que a neurotoxina se espalha para regiões vizinhas quando injectada na onduladora supercilii e pode ser evitada empurrando um dedo na borda orbital, inibindo a difusão de toxinas.

Os doentes com perturbações neuromusculares, tais como neuropatia motora periférica, síndrome de Eaton-Lambert, esclerose variada, e miastenia gravis estão proibidos de tomar BTX-A. Além disso, o BTX-A é um medicamento de Categoria C, pelo que não deve ser prescrito a mulheres grávidas ou a amamentar.

Além disso, deve ter-se extremo cuidado em doentes com doenças sistémicas como a asma e a arritmia, relatadas como tendo elevada incidência de efeitos adversos. Houve 1437 casos de respostas negativas a injecções de BTX-A entre Novembro de 1989 e Maio de 2005, e 28 destes pacientes morreram, de acordo com o estudo da FDA de 2005 ligado a este facto. A paragem respiratória (n = 6), enfarte do miocárdio (n = 5), acidente vascular cerebral (n = 3), embolia pulmonar (n = 2), e outros (n = 3) foram as causas de morte. Além disso, o BTX-A tem sido utilizado terapeuticamente em todos estes casos e não para fins cosméticos. Além disso, embora as interacções medicamentosas não tenham sido registadas clinicamente porque muito poucas doenças são clinicamente tratadas com BTX-A, o impacto da toxina pode ser melhorado nos pacientes que tomam antibióticos (aminoglicosídeos e ciclosporina), relaxantes musculares, bloqueadores dos canais de cálcio e outros medicamentos anticolinérgicos, enquanto que os medicamentos cloroquina podem reduzir o impacto da toxina. A toxina botulínica, como todos os antigénios estranhos, também gera anticorpos (anticorpos neutralizantes) que inibem o seu efeito terapêutico, causando reacções imunitárias no organismo. Embora 40-60 por cento dos doentes tenham sido relatados a gerar anticorpos durante a terapia BTX-A, apenas 2-5 por cento dos doentes geram aqueles que inibem os impactos terapêuticos. Os factores que aumentam o risco de gerar anticorpos neutralizantes durante a terapia com BTX-A incluem injecções frequentes de BTX-A de curto prazo, injecções de alta dose, e aumento da dose de injecções de BTX-A.

Além disso, o BTB registou uma maior produção de anticorpos do que o BTX-A. A dose utilizada nos doentes deve portanto ser a mais pequena possível, e prolongar o período entre injecções pode desencorajar o desenvolvimento de anticorpos. Se o resultado do tratamento for ineficaz, a produção de anticorpos deve ser suspeita, e se não houver reacção mesmo depois de a dose ser aumentada duas vezes, e deve ser considerado o teste de anticorpos. Se a terapia falhar devido ao fabrico de anticorpos, o produto deve ser alterado para outra formulação de BTX [22].

# DISCUSSÃO

Clostridium botulinum é uma bactéria anaeróbica em forma de bastão, gram-positiva. Cada um dos sete serotipos desta bactéria desenvolve uma forma única de neurotoxina botulínica. Os tipos A, B e E estão geralmente associados ao botulismo humano e estão presentes em ambientes terrestres, aquáticos e de água doce. A toxina botulínica A, produzida por botulinum de alto rendimento da estirpe C de Hall, é a forma mais potente de neurotoxina botulínica. A toxina botulínica é uma proteína de elevado peso molecular de 150.000 daltons com proteínas não covalentes que a protegem das enzimas digestivas, tornando-a um veneno alimentar altamente perigoso. A toxina será eliminada através do aquecimento a 80°C durante pelo menos um minuto.

O botulismo, uma doença causada pela ingestão humana de toxinas botulínicas em alimentos contaminados, causou muitas mortes na Europa no final dos anos 1700. A pobreza económica causada pela Guerra Napoleónica (17951813) levou à negligência de medidas sanitárias na produção de alimentos rurais. As salsichas de sangue fumado foram a principal fonte de botulismo. Em 1811, o Departamento de Assuntos Internos do Reino de Wurttemberg atribuiu o "envenenamento das salsichas" a uma substância chamada "ácido prússico" e seguiram-se outras experiências.

Todas as toxinas botulínicas têm um modo de acção comum que interfere com a transmissão de impulsos nervosos ao inibir a libertação do neurotransmissor acetilcolina dos terminais nervosos na junção neuromuscular. O efeito é duradouro mas também reversível, uma vez que novos terminais nervosos brotam para substituir os anteriormente bloqueados.

O nome ' botulus,' da palavra latina para' salsicha,' foi dado a esta doença em 1871. Os surtos de botulismo ocorreram ocasionalmente nos EUA, mesmo no início dos anos 1900. Graças a estes desafios, a Dole Food Company, Inc. desenvolveu técnicas inovadoras de enlatamento alimentar na década de 1920, tornando-a um dos maiores distribuidores de conservas alimentares do mundo. Os sintomas do botulismo incluem perturbações da visão, da fala e da deglutição. Asfixia e morte ocorrem geralmente 18-36 horas após a ingestão da toxina. A taxa de mortalidade sem tratamento varia de 10 a 65 %.

O Dr. Justinus Kerner era um médico e escritor alemão. Era também conhecido como o Wurst (palavra alemã para "salsicha") Kerner por causa do seu trabalho com o enigmático "veneno da salsicha". Em 1817 e 1820 publicou os primeiros estudos de caso sobre o envenenamento por botulinum, e em 1822 escreveu a primeira monografia completa sobre a toxina gorda nas salsichas azedas.

Com base em estudos corajosos realizados sobre si próprio e sobre animais de laboratório, Kerner fez muitas descobertas significativas sobre a toxina: cresce em salsichas azedas em condições anaeróbicas, inibe a transmissão do sinal motor no sistema periférico e autonómico, e é letal em pequenas doses.

Kerner também descreveu com precisão todos os sintomas neurológicos do botulismo reconhecidos na medicina moderna, incluindo diarreia, espasmos intestinais, midríase, ptose, disfagia e insuficiência respiratória. Além disso, sugeriu que a toxina fosse utilizada para fins terapêuticos, tais como a redução do funcionamento do sistema nervoso simpático associado a perturbações do movimento e hipersecreção de fluidos corporais (ou seja, suor, muco), úlceras de doenças malignas, alucinações, raiva, placa bacteriana, tuberculose pulmonar e febre amarela. Embora muitas tentativas de replicar artificialmente a toxina tenham falhado, Kerner concluiu que a toxina era de origem zoónica (biológica, animal), uma afirmação ousada numa altura da história em que ainda não tinham sido identificados agentes patogénicos microscópicos.

Em 1895, um surto de botulismo ocorreu após um funeral na aldeia belga de Elezelles, e o Dr. Emile van Ermengem foi o primeiro a associar o botulismo à bactéria contida na carne de porco crua e salgada e no tecido pós-morte das vítimas que tinham consumido carne infectada. Depois da carrinha

Ermengem tinha identificado com sucesso esta bactéria, chamou-lhe Bacillus botulinus, que mais tarde foi chamado Clostridium botuli.

As primeiras tentativas para desenvolver armas biológicas e químicas começaram na Alemanha durante a Primeira Guerra Mundial. Nenhuma delas foi bem sucedida. Com o fim da Segunda Guerra Mundial, o governo dos Estados Unidos iniciou uma investigação intensiva sobre armas biológicas. O Gabinete de Serviços Estratégicos dos EUA concebeu um plano para utilizar prostitutas chinesas para assassinar oficiais japoneses de alta patente, escondendo uma dose letal de toxina botulínica numa cápsula de gelatina do tamanho de um alfinete para comida ou bebida. Um grande número de cápsulas tinha sido embalado e enviado para o destacamento da Marinha dos EUA em Chunking, China, para rastreio. As cápsulas foram utilizadas em burros selvagens e, como os animais sobreviveram, a experiência foi abandonada. A controvérsia sobre se os burros eram resistentes ao botulismo continua.

Durante a Segunda Guerra Mundial, a Academia de Ciências dos EUA criou uma instalação chamada Fort Detrick em Maryland para estudar as perigosas bactérias e toxinas infecciosas que poderiam ser utilizadas na guerra. As instalações foram construídas pelos Professores EB Fred e Ira Baldwin da Universidade de Wisconsin e Stanhope Bayne-Jones da Universidade de Yale. Muitos outros bacteriólogos e médicos também foram colocados em Fort Detrick por esta razão.

Vários anos antes, na década de 1920, o Dr. Herman Sommer e colegas da Universidade da Califórnia tinham produzido um concentrado rudimentar de toxina botulínica tipo A a partir de fluido de cultura por preparação ácida.17 Em 1946, os investigadores de Fort Detrick obtiveram uma forma cristalina de toxina botulínica A e o Dr. Edward Schantz utilizou subsequentemente este processo para criar o primeiro lote de toxina botulínica para utilização em humanos.

Em 1972, o Presidente Nixon assinou a Convenção sobre Armas Biológicas e Toxínicas, que suspendeu todo o trabalho sobre agentes biológicos para utilização na guerra. Fort Detrick foi oficialmente encerrado nesse ano, mas os trabalhos sobre o uso de botulinum e outras toxinas de origem alimentar para uso médico persistiram na Universidade de Wisconsin, sob a liderança de Edward Schantz.

Em 1979, a Schantz tinha desenvolvido um lote suficientemente grande de toxina botulínica A, rotulada lote 7911, consistindo em 200 mg de toxina bicristalina aprovada pela FDA para uso humano.

A formulação inicial manteve a sua toxicidade e esteve em uso até Dezembro de 1997. Entre 1980 e 1990, foi elaborado um historial de um lote mestre para o fabrico de toxina botulínica de qualidade médica e, em 1991, vários lotes de toxina botulínica A, bem como resultados de investigação foram adquiridos por uma empresa farmacêutica chamada Allergen Inc. Posteriormente, o medicamento foi denominado Botox [15].

A toxina botulínica A é amplamente distribuída e comercialmente disponível como BotoxTM (Allergen, Inc) na América do Norte, enquanto a DysportTM (Speywood, Reino Unido) controla os mercados europeus. A toxina botulínica B é vendida como Myobloc (Elan Pharmaceuticals) nos EUA e Neurobloc (Elan Pharmaceuticals) na Europa, ambas as quais estão actualmente a ser revistas pela US Food and Drug Administration (FDA). A FDA recomenda que o BotoxTM seja administrado em frascos de 100±30 unidades de rato (U) com 1 U igual à quantidade mediana necessária para matar metade da amostra de ratos (LD50). Em contraste, 1 U de BotoxTM é igual a 3 ng de toxina botulínica A ou 2-5 U de DysportTM. Dependendo da condição médica, 30-300 U (1-10 ng) de injecções de BotoxTM são necessárias duas a seis vezes por ano, e a administração da toxina a concentrações mais elevadas ou com demasiada regularidade representa um risco de desenvolvimento de anticorpos que anulam quaisquer efeitos benéficos. Como medicamento, a toxina botulínica A tem uma grande margem de segurança com um LD50 de 3.000 U (100 ng) em humanos e efeitos secundários limitados do tratamento.

O botulinum foi utilizado pela primeira vez no tratamento de doenças humanas há mais de 25 anos pelos Drs. Alan Scott e Edward Schantz, em 1968. Na década de 1960, Scott, oftalmologista do Smith-Kettlewell Eye Research Institute em São Francisco, começou a pesquisar substâncias para injecção nos músculos hiperactivos envolvidos no estrabismo como uma alternativa à cirurgia convencional.

O seu objectivo era encontrar uma droga que bloqueasse a neurotransmissão e reduzisse a actividade muscular. Embora várias drogas fossem testadas em macacos com estrabismo induzido cirurgicamente, Scott não foi bem sucedido até se aproximar de Schantz para toxina botulínica. Em 1978, Scott recebeu a aprovação da FDA para injectar toxina botulínica em voluntários humanos para o estrabismo. Actualmente, as indicações para toxina botulínica para uso em oftalmologia incluem blefaroespasmo, estrabismo e outras condições de músculos extra-oculares hiperactivos. As doses são normalmente inferiores a 30 U.

Embora os oftalmologistas de todo o mundo tenham começado a injectar toxina botulínica em pequenos músculos dos olhos para o estrabismo, outros investigadores e cirurgiões começaram os seus próprios estudos sobre a utilização da toxina botulínica em humanos. Os neurologistas compreenderam que as injecções de toxina botulínica seriam bem sucedidas no bloqueio neuroquímico da contracção involuntária dos músculos em grupos musculares mais vastos. Por volta dos anos 80, a toxina foi utilizada para corrigir os tremores e espasmos da face, pálpebra, tronco e membros. Em 1989, a FDA aprovou a toxina botulínica A para o tratamento de contracções musculares involuntárias, estrabismo, blefaroespasmo e espasmos hemifaciais.

As toxinas botulínicas A e B são também usadas fora do rótulo na neurologia para tratar torcicolos, quase todos os tipos de distonia, espasticidade, tremores, distúrbios da fala, paralisia cerebral em bebés, distúrbios gastrointestinais, ansiedade e enxaquecas, e síndromes de dor. Podem ser utilizadas doses até 300 U, dependendo do tamanho dos grupos musculares e da área de tratamento.

Após os anos 90, o Botox tornou-se bem conhecido do público como uma forma de melhoria cosmética. A maioria dos canadianos conhece a história da sua utilização em dermatologia. Em 1987, o oftalmologista Jean Carruthers descobriu que as linhas de franzido tinham desaparecido após a utilização da toxina botulínica A para o blefaroespasmo. A Dra. Carruthers partilhou os seus pensamentos com o seu marido, Alastair Carruthers, um dermatologista. Juntos, os Carruthers encontraram um procedimento cosmético que revolucionou o mundo da melhoria cosmética.

Desde 1992, o casal canadiano tem encorajado o uso de Botox através de programas de educação e formação. Em 1996, foi publicado o primeiro relatório sobre o uso de Botox para fins cosméticos, e outra equipa da Universidade de Columbia fez exigências semelhantes, mas os seus resultados só foram publicados mais tarde [23].

Actualmente, a toxina botulínica é utilizada em dermatologia para o diagnóstico de linhas verticais glabelares e horizontais da testa, rugas actínicas, linhas laterais cantais (pernas de galinha), erupção nasal, levantamento ou forma das sobrancelhas, assimetria facial, rugas dos lábios superiores e covinhas no queixo.

Relatórios desde meados da década de 1990 também identificaram o Botox como altamente eficaz para a hidrose da axila, palmas das mãos e plantas das pernas, bem como drogas adjuvantes úteis para o resurfacing a laser e outros procedimentos cosméticos. As doses variam entre 3 U para músculos faciais pequenos e até 300 U para áreas de tratamento maiores, tais como a hiperidrose.

O primeiro estudo sobre a utilização do Botox por razões cosméticas foi publicado em 1992. Outros usos na face superior e pescoço foram rapidamente identificados na literatura médica. Estas são actualmente estabelecidas e amplamente aceites áreas de injecção de Botox.

O Botox é um complemento ideal para o rejuvenescimento do rosto. Um excelente controlo e experiência com a toxina é importante antes de injectar estas áreas gratificantes mas tecnicamente mais desafiantes do corpo. Na área perioral, algumas unidades perdidas no músculo errado ou na secção errada do músculo garantirão um paciente infeliz; esta não é uma área para um injector inexperiente. O botox é um medicamento seguro para reduzir as rugas faciais. Há várias questões relacionadas com os efeitos secundários e complicações após a injecção. Há, contudo, uma gama de técnicas disponíveis para reduzir o efeito secundário e o nível de complicações após a injecção [24].

As injecções de toxina botulínica A são realizadas milhões de vezes por ano em todo o mundo. Uma vez usado um veneno alimentar como arma biológica, a toxina botulínica é actualmente um dos medicamentos mais versáteis para o tratamento de doenças humanas em oftalmologia, neurologia e dermatologia. A toxina botulínica A foi também introduzida na cultura popular como uma ferramenta de melhoramento cosmético para a população envelhecida. Embora o Clostridium botulinum e as suas toxinas tenham sido estudados durante centenas de anos, o trabalho sobre os seus mecanismos de acção e outras aplicações médicas continua até aos dias de hoje.

# SÍNTESE

As toxinas são geralmente consideradas agentes nocivos; no entanto, podem ser muito úteis na terapia de doenças humanas. A neurotoxina botulínica (BTX) foi a primeira proteína microbiana a ser administrada por injecção a ser utilizada terapeuticamente em humanos. A BTX apareceu como um dos agentes terapêuticos mais polivalentes da medicina moderna com mais aplicações clínicas do que qualquer outro presentemente no mercado. Inicialmente desenvolvido na terapia do estrabismo e das perturbações do movimento neurológico, o uso da neurotoxina botulínica aumentou nos últimos 3 séculos para incluir uma série de circunstâncias oftalmológicas, gastrointestinais, urológicas, ortopédicas, dermatológicas, dentárias, secretoras, dolorosas, cosméticas e outras. Além da onabotulinumtoxina A (Botox), abobotulinumtoxina A (Dysport), incobotulinumtoxina A (Xeomin) e rimabotulinumtoxina B (Myobloc ou NeuroBloc), estão actualmente a ser desenvolvidos novos produtos de neurotoxinas botulinun. Com uma melhor compreensão dos mecanismos celulares da neurotoxina botulinun e os avanços da biotecnologia, os futuros produtos de neurotoxinas botulinun são susceptíveis de ser ainda mais eficazes e personalizados às indicações específicas e adaptados às necessidades dos pacientes. BoNT é um forte instrumento terapêutico, mas deve ser utilizado correctamente.

Quadro3. sequência a seguir para a terapia de Botox

| | |
|---|---|
| 1 | Conhecer a doença alvo e a anatomia local e adquirir capacidades e conhecimentos na administração de BoNT. |
| 2 | Antes de iniciar a terapia com BoNT, estabelecer expectativas e objectivos realistas para os pacientes e as suas famílias e amigos. |
| 3 | Fazer um vídeo (pelo menos na linha de base) e manter registos completos do local de injecção, dosagem, reacção ao pré-tratamento, e reacções negativas. |
| 4 | Educar os pacientes de que os efeitos úteis ou adversos do BoNT são temporários. |

| | |
|---|---|
| 5 | Injectar o músculo agonista (não o antagonista, o compensador) |
| 6 | Tente não injectar com mais frequência do que a cada 3 meses. |
| 7 | Designar uma clínica dedicada à toxina botulínica. |
| 8 | Obter a correcta autorização de seguro e pré-certificação para todas as utilizações. |
| 9 | Conhecer as características e dosagem de produtos distintos. |
| 10 | Conhecer a fonte do BTX (fabricante, farmacêutico). |
| 11 | Em cada visita de tratamento, tentar optimizar os benefícios e reduzir o risco de reacções adversas |

A sua crescente implementação, sob várias circunstâncias, torna-o o medicamento mais versátil no mercado, abrangendo quase todas as especialidades médicas. Embora considerado eficiente e seguro, existem ainda muitas restrições, tais como o desconforto relacionado com a injecção, a duração relativamente curta da reacção, a probabilidade de imunogenicidade, e a elevada.

# CONCLUSÃO

Os agentes causadores do botulismo têm sido intensamente estudados há quase 120 anos. A neurotoxina botulínica (BTX), um agente terapêutico relativamente recente, é agora uma opção de tratamento de primeira linha para uma vasta gama de doenças. A longa duração do efeito do BTX é benéfico para as perturbações crónicas, incluindo mas não limitado à distonia e à dor crónica. A beleza da sua composição química proporciona oportunidades únicas para a reengenharia de uma molécula para servir como cavalo de Tróia. Através da alteração da cadeia pesada ao ligar a molécula ao factor de crescimento epidérmico, é concebível dirigir a molécula para as células epiteliais e prevenir a secreção de muco como um meio eficaz de tratar a fibrose cística. Através da modificação das propriedades de ligação enquanto a molécula está ligada a uma citotoxina, é concebível adaptar o medicamento a um tipo diferente de célula cancerígena. A capacidade do BTX na medicina é enorme. O BTX, um medicamento já eficaz, é antecipado com a engenharia molecular - para ter uma aplicabilidade muito mais ampla na medicina devido à capacidade do BTX de transportar "carga" (proteínas, medicamentos ou venenos) em células danificadas e assim obter um benefício seguro.

O BTX é um poderoso instrumento terapêutico, mas precisa de ser utilizado correctamente. A sua aplicação crescente, sob inúmeras condições, torna-o o medicamento mais versátil do mercado, abrangendo quase todas as especialidades médicas. Embora considerado eficiente e seguro, existem ainda muitos inconvenientes, tais como a dor relacionada com a injecção, o tempo relativamente curto de reacção, o risco de imunogenicidade, e os custos elevados. A nossa compreensão da biologia do BTX melhorou significativamente como resultado de investigação intensiva sobre as propriedades bioquímicas, celulares e farmacológicas dos BTX. Isto levará sem dúvida a uma melhor concepção e biotecnologia com o desenvolvimento de novos e melhores produtos de BTX.

Os BTX, em particular os BTX A e B, têm sido amplamente utilizados para tratar um grande número de desordens neuronais, alavancando a sua capacidade de interagir com uma vasta gama de funções fisiológicas, desde a contracção muscular ao alívio da dor. As suas características únicas e propriedades farmacológicas tornaram os BTX uma escolha de tratamento flexível para um número crescente de indicações. O futuro dos BTXs em aplicações médicas é promissor, mas é necessário mais trabalho para melhorar a sua utilização médica. Uma das áreas mais importantes é a investigação da utilização de BTX recombinante como agente terapêutico, uma vez que o potencial desenvolvimento de BTX novos poderia ser baseado num BTX recombinante.

Foram feitos progressos significativos tanto nas aplicações medicinais como estéticas do BTXA desde que o Dr. Alan Scott reconheceu pela primeira vez o seu potencial há mais de 30 anos. O BTXA era parte integrante do movimento dermatológico cosmético, e a sua utilização espalhou-se consideravelmente para além da Glabella, a nossa área de estudo inicial. Embora muitos relatórios de utilização bem sucedida de BTXA tenham sido anedóticos no início, houve um aumento do rigor na elaboração de relatórios ao longo do tempo. Foram relatadas provas crescentes de utilização segura e eficaz em ensaios clínicos, o cerne da medicina baseada em provas. O BTXA continua a desafiar-nos e a surpreender-nos, e estamos honrados por ter feito parte do seu desenvolvimento como agente valioso no armamentário de dermatologia cosmética.

Da literatura, conclui-se que o BTX-A é uma opção de tratamento viável com efeitos benéficos para a odontologia, mas em alguns casos deve ser combinado com outros tipos de tratamento. O BTX-A é um relaxante muscular forte e preciso que facilita o relaxamento dos músculos mastigatórios, reduz a dor e permite o funcionamento adequado da mandíbula. Os efeitos secundários são raros e transitórios e não causam grandes problemas aos pacientes. Embora a literatura apoie a eficácia do BTX-A, estes estudos devem ser vistos com cautela e é necessário mais trabalho para confirmar a segurança e eficácia do BTX-A em ensaios clínicos maiores e bem controlados.

A viagem da BT de um veneno mortal para um agente medicinal surpreendentemente engenhoso expandiu o âmbito da sua utilização. O BTX demonstrou definitivamente ter um valor significativo na gestão de situações em que o paciente não é receptivo a, ou em combinação com, métodos de tratamento menos agressivos. Isto proporciona uma abordagem minimamente invasiva na gestão e tratamento de casos relevantes seleccionados com o mínimo de complicações.

As injecções de toxina botulínica A são realizadas milhões de vezes por ano em todo o mundo. Uma vez utilizado um veneno alimentar como arma biológica, a toxina botulínica é actualmente um dos medicamentos mais eficazes para o tratamento de doenças humanas em oftalmologia, neurologia e dermatologia. A toxina botulínica A foi também integrada na cultura popular como uma ferramenta de melhoramento cosmético para a população envelhecida. Embora o Clostridium botulinum e as suas toxinas tenham sido estudados durante centenas de anos, a investigação sobre os seus mecanismos de acção e outras aplicações médicas continua até aos dias de hoje.

# REFERÊNCIA

1. Toxina Jankovic J. Botulinum: Estado da arte. Distúrbios do movimento. 2017 Ago;32(8):1131- 8.
2. Srivastava S, Kharbanda S, Pal US, Shah V. Aplicações da toxina botulínica na odontologia: Uma revisão abrangente. Revista nacional de cirurgia maxilo-facial. 2015 Jul;6(2):152.
3. Majid OW. Uso clínico de toxinas botulínicas em cirurgia oral e maxilofacial. Revista internacional de cirurgia oral e maxilofacial. 2010 Mar 1;39(3):197-207.
4. Rossetto O, Pirazzini M, Montecucco C. Neurotoxinas botulínicas: percepções genéticas, estruturais e mecanicistas. Nature Reviews Microbiology. 2014 Ago;12(8):535.
5. Smith TJ, Hill KK, Raphael BH. Perspectivas históricas e actuais sobre a diversidade do Clostridium botulinum. Investigação em microbiologia. 2015 Maio 1;166(4):290-302.
6. RR Filho ZG, Goncalves BM. Aplicações da Toxina Botulínica na Revisão de Medicina Dentária-Literatura. J Dent Oral Biol. 2016; 1 (3). 2016;1013.
7. Drachman DB. Atrofia do músculo esquelético em embriões de pintos tratados com toxina botulínica. Ciência. 1964 Ago 14;145(3633):719-21.
8. Gunn RA. Botulismo: de van Ermengem até ao presente. Um comentário. Revisões de doenças infecciosas. 1979 Jul 1;1(4):720-1.
9. Schantz EJ, Johnson EA. Botulinum toxin: a história do seu desenvolvimento para o tratamento de doenças humanas. Perspectivas em biologia e medicina. 1997;40(3):317-27.
10. Torrens JK. Clostridium botulinum foi nomeado devido à associação com" envenenamento por salsichas. BMJ: Jornal Médico Britânico. 1998 Jan 10;316(7125):151.
11. Shapiro RL, Hatheway C, Swerdlow DL. Botulismo nos Estados Unidos: uma revisão clínica e epidemiológica. Anais de medicina interna. 1998 Ago 1;129(3):221-8.
12. Erbguth FJ, Naumann M. Aspectos históricos da toxina botulínica: Justinus Kerner (1786- 1862) e o "veneno da salsicha". Neurologia. 1999 Nov 1;53(8):1850.
13. Klein AW, Glogau RG. Toxina botulínica: para além da cosmese.

Arquivos de dermatologia. 2000 Abr 1;136(4):539-41.

14. Erbguth FJ, Nauman M. LETTER TO THE EDITOR On the First Systematic Descriptions of Botulism and Botulinum Toxin by Justinus Kerner (1786-1862). Diário da História das Neurociências. 2000 Ago 1;9(2):218-20

15. Erbguth FJ. Do veneno ao remédio: a história checada da toxina botulínica. Diário de transmissão neural. 2008 Abr 1;115(4):559-65

16. Kostrzewa RM, Segura-Aguilar J. Botulinum neurotoxin: evolução do veneno, para a ferramenta de investigação - para a panaceia terapêutica e farmacêutica do futuro. Investigação da neurotoxicidade. 2007 Dez 1;12(4):275.

17. Dressler D, Roggenkaemper P. Uma breve história da terapia neurológica com toxinas botulínicas na Alemanha. Journal of Neural Transmission. 2017 Oct 1;124(10):1217-21.

18. Mittal SO, Machado D, Richardson D, Dubey D, Jabbari B. Toxina botulínica no tremor da doença de Parkinson: um estudo randomizado, duplo-cego, controlado por placebo, com uma abordagem de injecção personalizada. InMayo Clinic Proceedings 2017 Sep 1 (Vol. 92, No. 9, pp. 13591367).

19. Jabbari B. Fundamentos de Estrutura e Mecanismos de Função da Toxina Botulínica - Como é que Funciona? InBotulinum Toxin Treatment 2018 (pp. 11-17). Springer, Cham.

20. Shapiro RL, Hatheway C, Swerdlow DL. Botulismo nos Estados Unidos: uma revisão clínica e epidemiológica. Anais da medicina interna. 1998 Ago 1;129(3):221-8.

21. Klein AW, Glogau RG. Toxina botulínica: para além da cosmese. Arquivos de dermatologia. 2000 Abr 1;136(4):539-41.

22. Hambleton P. Clostridium botulinum toxins: uma revisão geral do envolvimento na doença, estrutura, modo de acção e preparação para uso clínico. Diário de neurologia. 1992 Jan 1;239(1):16-20.

23. Ting PT, Freiman A. A história de Clostridium botulinum: da intoxicação alimentar ao Botox. A medicina clínica. 2004 1;4(3):258-61 de Maio.

24. Carruthers J, Carruthers A. Toxina botulínica no rejuvenescimento facial: uma actualização. Clínicas dermatológicas. 2009 Oct 1;27(4):417-25.

More
Books!

OMNIScriptum

MIX
Papier aus verantwortungsvollen Quellen
Paper from responsible sources
FSC® C105338

FSC
www.fsc.org

Printed by Books on Demand GmbH, Norderstedt / Germany